故宮裏的大怪獸

MONSTERS IN THE FORBIDDEN CITY

1 白澤大王的回憶

常怡 ✹ 著

中 華 教 育

故宮裏的大怪獸 ❶
❀ 白澤大王的回憶 ❀

常怡／著
麋麋鹿／繪

責任編輯　梁潔瑩
裝幀設計　陳淑娟
排　版　陳先英
地圖繪製　蔣和平
印　務　劉漢舉

出版　**中華教育**

香港北角英皇道四九九號北角工業大廈一樓B
電話：（852）2137 2338
傳真：（852）2713 8202
電子郵件：info@chunghwabook.com.hk
網址：http://www.chunghwabook.com.hk

發行　**香港聯合書刊物流有限公司**

香港新界大埔汀麗路三十六號
中華商務印刷大廈三字樓
電話：（852）2150 2100
傳真：（852）2407 3062
電子郵件：info@suplogistics.com.hk

印刷　**美雅印刷製本有限公司**

香港觀塘榮業街六號海濱工業大廈四樓A室

版次　**2020年1月第1版第1次印刷**

©2020 中華教育

規格　**32開（210mm×153mm）**

ISBN　**978-988-8674-64-0**

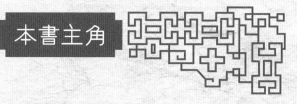

李小雨

十一歲,小學五年級。因為媽媽是故宮文物庫房的保管員,所以她可以自由進出故宮。意外撿到一枚神奇的寶石耳環後,發現自己竟聽得懂故宮裏的神獸和動物講話,與怪獸們經歷了一場場奇幻冒險之旅。

梨花

故宮裏的一隻漂亮野貓,是古代妃子養的「宮貓」後代,有貴族血統。她是李小雨最好的朋友。同時她也是故宮暢銷報紙《故宮怪獸談》的主編,八卦程度讓怪獸們頭疼。

楊永樂

十一歲,夢想是成為偉大的薩滿巫師。因為父母離婚而被舅舅領養。舅舅是故宮失物認領處的管理員。他也常在故宮裏閒逛,與殿神們關係不錯,後來與李小雨成為好朋友。

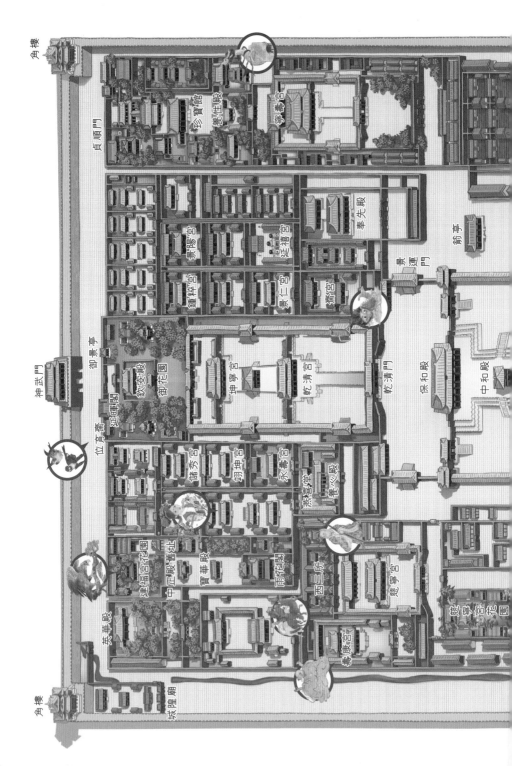

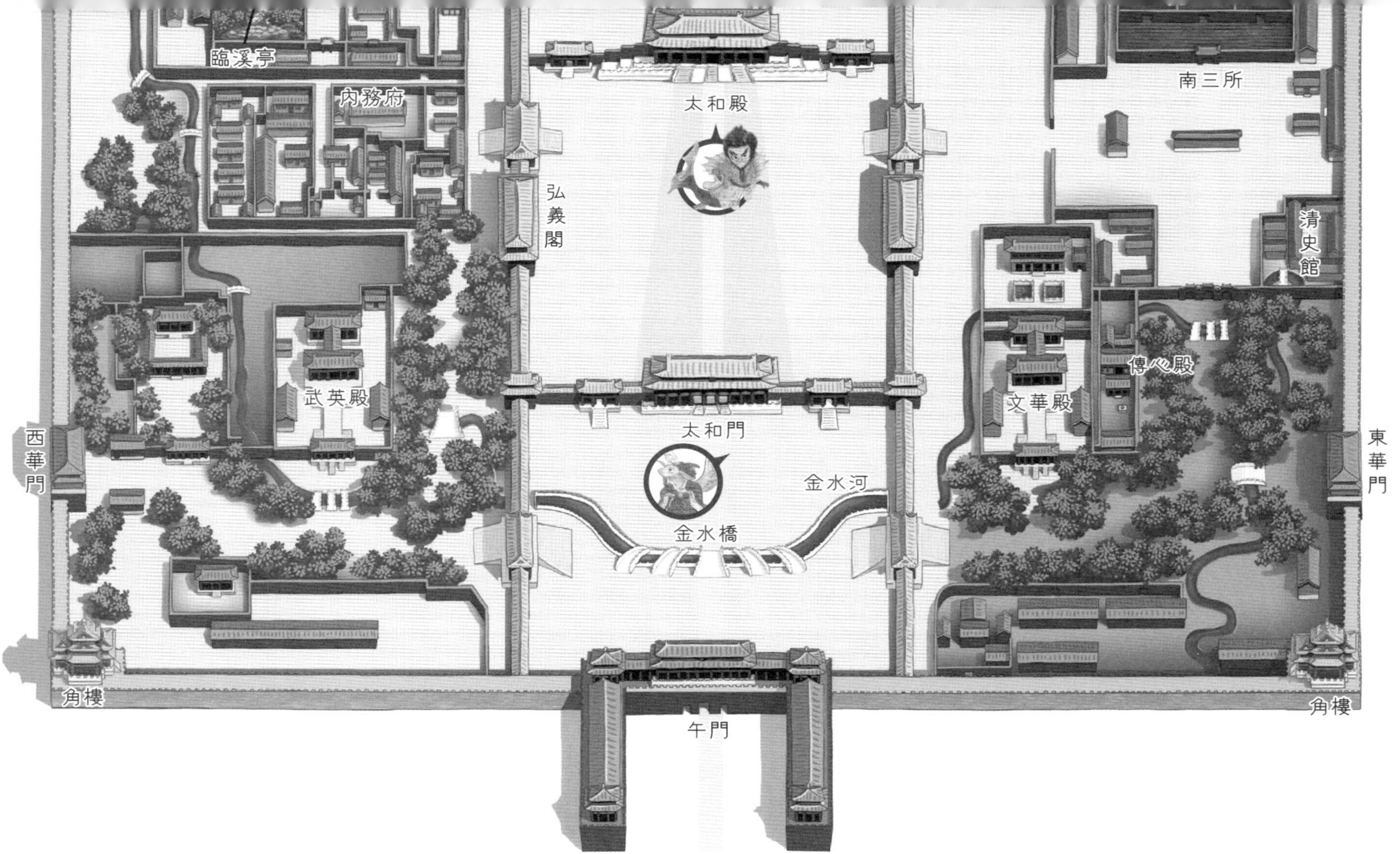

故宮怪獸地圖

東華門

清史館

南三所

傳心殿

文華殿

角樓

金水河

太和殿

大和門

金水橋

午門

弘義閣

內務府

臨溪亭

武英殿

角樓

西華門

角色檔案

白澤大王

古老的怪獸，長得像獨角羊，背上有一對大大的翅膀。會說人類的語言，而且了解世界上所有的神仙、怪獸、妖精、植物和動物。

金吾

被古書描述為「形似美人」的怪獸。有美人魚一樣的尾巴，卻長了一個奇大無比的龍頭，身上還有一對肉乎乎的翅膀。

角色檔案

鳶（yuān）鳥

古代神鳥，深得皇帝們喜歡。脾氣很大，因被楊永樂稱為老鷹，感到不滿，便用鳴叫引來了猛烈的沙塵暴。

虯蚼（diāo shé）

住在高塔頂端或白玉柱頭之上的怪獸。龍的兒子，長得像龍，但個頭兒卻還沒有野貓大，眼睛能透視一切物體，喜歡站在高處遠眺。

角色檔案

八駿

八匹神馬,曾經拉着周穆王去崑崙山拜見西王母。周穆王死後,八駿為西王母所有,西王母經常把他們借給別人使用。

馬師皇

獸醫之神。生前是黃帝的馬醫,醫術高明,卻很財迷。李小雨為給野貓梨花治病找到了他,但他提出了非常苛刻的條件。

角色檔案

敦恪（kè）公主

康熙皇帝的第十五個女兒，十八歲時嫁給蒙古科爾沁部落的王子，王子卻不愛她。她在抑鬱中死去，死後變成凌霄花，回到了長春宮，專門賜福給那些戴着凌霄花出嫁的姑娘。

鰲（áo）魚

原是遠古時代黃河的鯉魚，在跳龍門時，意外跳錯方向，沒能變成龍。又因為不小心吃了龍珠，變成了長有龍頭、魚身、烏龜腳的怪獸。

目　錄

1
白澤大王的回憶

他居然讓我叫他「大王」！

雖然我只是個小女孩，雖然我還在上小學，雖然我還有好多數學題不會做，但是，我見過的怪獸可不少。

我敢說，故宮裏沒有人比我認識的怪獸多！連自稱巫師的楊永樂，也沒有我那麼多的怪獸朋友。甚至連真正的怪獸之王龍大人，也從來沒讓我叫過他「大王」。

我眼前的這個怪獸，整個身體還沒有龍的尾巴長，長得就像一隻獨角羊，雪白的鬍子垂在胸前，背上有一對大大的翅膀，一雙眼睛驕傲得都快翻到天上去了。

「白澤大王 —— 你們人類都這麼叫我。」他說，「福建

那邊現在還有供奉我的廟宇，就叫白澤大王廟。」

「是這樣啊。」我嘴上這麼說，心裏卻一點兒都不服氣。故宮裏的任何一個怪獸都比他長得更像「大王」。

要是平時，在故宮裏碰到這麼驕傲的傢伙，我早就不理他了，可是現在，我卻不能這麼做，因為這個叫白澤的怪獸正踩着我的書包。

這都怪我自己不小心。今天放學回來，在太和門西邊碰到野貓菜花帶着她的孩子們遛彎兒，我就順手把書包扔在地上，逗他們玩了一會兒。直到晚上媽媽提醒我寫作業時，我才發現書包不見了。等我按原路找回來時，發現有一個陌生的怪獸正蹲在太和門西側的廊廡前，一隻腳恰好踩着我的書包。

現在，我一心只想把書包要回來，不想找麻煩。於是我順從地說：「白澤大王，您待在這裏幹甚麼呢？」

白澤抬起頭，望了望漆黑的天空，才慢悠悠地說：「我在回憶過去。」

我迫不及待地說：「那您慢慢回憶，我的書包在您腳下，能不能⋯⋯」

白澤像是沒聽到我說話一樣，自顧自地說：「你想聽故事嗎？」

「您會講故事？」我來了興趣。故宮裏的大怪獸雖然各

有各的本領，但是會講故事的怪獸我還是第一次碰到。

「這麼好的夜晚，來點兒酒怎麼樣？」他側着頭問我。我還沒來得及回答，只聽「呼」的一聲，我們身旁的空地上就突然冒出了一壺酒。

「今天是陰天，連月亮都看不到。」我看看天空，墨色的雲彩沒給月亮留一點兒縫隙，「再說了，我還是小學生，不能喝酒。」

「不能喝酒，那來盤點心吧。」

白澤話音未落，酒壺旁邊就「呼、呼、呼」地冒出四五個盤子，裏面裝着各種香噴噴的酥皮點心，都還冒着熱氣，像剛烤好的一樣。

嘿！這個怪獸還挺厲害。

「您還會變甚麼？」我不客氣地拿起一塊點心咬了一大口。好吃！是我喜歡的蛋黃酥。

「我會變的東西可多了。」白澤瞇起眼睛說，「不過我會變的東西，沒有我的故事多。」

「您肚子裏到底有多少故事啊？」

白澤依然瞇着眼睛說：「想當年黃帝在東海碰到我，我可給他講了三天三夜的故事呢。」

「皇帝？哪個皇帝？」

「不是皇帝，是五千年前的軒轅黃帝，就是被你們稱為

中華民族始祖的那位。」

　　我深吸了一口氣：「天啊！您已經活了那麼久了嗎？」

　　白澤微微一笑，喝了一口酒說：「其實我活的時間比這還長呢。」

　　他這麼一說，我突然想起書畫館的孫叔叔曾經給我講過《白澤圖》的故事：大約五千年前，古華夏部落聯盟的首領黃帝走遍了各地，到東海的時候，他碰到一個怪獸，這個怪獸會說人類的語言，而且了解世界上所有的神仙、怪獸、妖精、植物和動物。這個怪獸就是白澤。於是黃帝向白澤打聽怪獸的事，白澤告訴他，這世間有一萬一千五百二十種怪獸和妖精，並把他們的樣子、習性都一一告訴了黃帝。黃帝叫人把白澤所說的怪獸和妖精都畫了下來，並將其命名為《白澤圖》。據說，《白澤圖》流傳了幾千年，可是在五百多年前突然消失了。從此，再也沒有人知道，那上面都記錄了甚麼。

　　白澤突然看着我的眼睛問：「你很喜歡看童話故事吧？」

　　我吃驚極了：「您怎麼知道？難道您還能看透人心？」

　　白澤搖搖頭說：「這倒不是，只是剛才看到你書包裏的童話書比課本還多呢。」

　　我臉紅了，趕緊解釋：「那是帶到學校留着課間時看的。」為了不讓他覺得我只是個小孩子，我接着說，「不

過我也喜歡看科幻小說。」在我眼裏，科幻小說是大人們看的。

「那也就是說，無論你聽到多麼離奇的故事都能接受吧？」

我感到一絲挑戰的意味，於是仰着下巴說：「那當然了，再怪的事我都聽說過。但您為甚麼這麼問呢？」

「我怕我的故事會嚇到你。」白澤笑了笑。

不知道為甚麼，我打了個冷戰，於是趕緊吃了口點心，讓自己冷靜了幾秒鐘，抬起頭問：「您是要給我講《白澤圖》裏的故事嗎？」

「呵！你還知道《白澤圖》呢？」白澤吃了一驚，「看來我是找對人了。」

我回答：「自從我聽說那個故事就一直很好奇，《白澤圖》裏面都記錄了甚麼樣的怪獸和妖精。」

「碰到黃帝的那天和今天一樣，我喝了點兒酒。」說着，他「咕嘟、咕嘟」地又喝了幾口酒，「喝了酒，頭暈暈乎乎的，特別高興，所以我才和黃帝說了那麼多故事。事後為此沒少挨怪獸和妖精們的埋怨。」

「您真認識所有的怪獸、妖精和神仙嗎？」

白澤晃了晃腦袋說：「那當然。」

「我曾經聽說，十幾年前，故宮裏有個保安叔叔晚上在

廁所裏碰到一個穿綠衣服的老頭兒，您知道那個老頭兒是誰嗎？」我問。

這個故事在故宮裏流傳了好久，連互聯網上都能搜索到：一個值夜班的保安，在檢查故宮廁所的時候，突然看到一個穿着綠袍子的白髮老人，頓時被嚇暈了過去。事後，這個保安就辭去了故宮的工作。

沒想到白澤搖着頭說：「真是個傻瓜，那是廁精啊！就是守護廁所的精靈，他長得一點兒都不可怕，是個很慈祥的老人，喜歡戴地主帽，穿青綠色的袍子。人也出奇地大方，要是誰能叫出他的名字，他還會贈送金銀財寶呢。」

真有意思，我有點兒替那個保安叔叔感到遺憾了。

「故宮裏還有甚麼精靈呢？」

白澤神神祕祕地說：「上個月，午門那邊辦玉石展，你有沒有見過一個古代美女？」

我搖搖頭。我放學後很少走午門，那邊離我媽媽的辦公室太遠了。

「那個美女穿着翡翠綠的衣裳，梳着高高的髮髻，她是玉之精，名叫委然。」白澤接着說，「她是我最喜歡的精靈，人美，唱歌也好聽。可惜她膽子小，一遇到大動靜就會變成一塊玉石。不過也難怪，聽說她成為玉之精前是一位雕刻玉石的少女，因為不小心磕壞了一塊寶玉，實在太

傷心了，就化作玉之精來守護玉石。」

「玉之精」，光聽名字就讓人嚮往起她的樣子來。故宮甚麼時候還辦玉石展呢？我回頭要好好問問媽媽。

「我媽媽說，金水河也有精靈保護，所以我們這些經常在故宮玩的孩子，才從來沒人掉進河裏，是真的嗎？」我問。

「那是水之精，他叫罔象。」白澤搖頭晃腦地說，「那孩子還沒有你的個子高呢，就是個小屁孩兒。他被太陽曬得黑乎乎的，身體特別結實。和你不同的是，他的眼珠是紅色的，耳朵比正常孩子的大很多。他的手是爪子。你如果能叫出他的名字，他會抓魚送給你當禮物。他是個特別友好的精靈，因為長得像小孩子，好多人也叫他河童。罔象喜歡小孩，所以有罔象守護的河都不會有孩子落水。哪怕偶爾有孩子不小心掉下去，罔象也會幫忙推他上岸。」

「如果罔象生活在金水河裏，為甚麼我從來沒見過他呢？」我追問。

白澤呵呵一笑說：「那孩子太害羞，尤其是怕見到女孩子。一見到女孩子，他跑得比泥鰍還快呢。」

「真希望能見見他。」我歎了口氣，感覺有點兒遺憾。

天空越來越暗，雖然沒有月亮，卻也能看到墨色的雲在流動。

「白澤，您真厲害！一萬多種神仙、怪獸、妖精都能記得那麼清楚。」我感歎道。如果我有這麼好的記憶力，每次考試就不會考那麼低的分數了。

「我啊，不知道為甚麼，這幾千年來，只要見過的事、見過的人，就怎麼都不會忘記。」白澤並沒有因為我的誇獎而高興，反而皺起了眉頭，「你知道我最羨慕你們人類的是甚麼嗎？」

這麼厲害的一個大怪獸，居然還羨慕人類？我瞪大眼睛問：「是甚麼？」

白澤回答說：「我最羨慕你們人類的，就是頭腦有遺忘功能。我卻甚麼也忘不了。不愉快的事，討厭的事，過了幾千年也忘不了，你覺得這會是甚麼感覺？」

「我……想不出來。」

白澤深深歎了一口氣，然後說：「我累了。要這麼多回憶有甚麼用呢？」

我想了想，也對，如果甚麼事情都無法忘記，那腦袋不是會被裝得滿滿的嗎？

「您不是會魔法嗎？或者，怪獸和神仙應該有魔法可以讓您忘掉以前的事吧？」

「魔法？」白澤苦笑了一聲，「都試過了。甚麼忘憂草，甚麼能忘記一生記憶的孟婆湯，都是騙人的。人類吃了很管用的東西，在我這裏，吃多少都不管用。你知道嗎，孟婆婆現在看到我都會躲起來，因為我曾經喝了她三大鍋孟婆湯，結果甚麼都沒能忘掉。」

他望向天空，長長的鬍鬚在微風中飄動，那樣子看起來憂傷極了。

「那我說說我的想法。」我故意清了清嗓子，「我爺爺說過，世界上所有的生命都有其存在的價值。您和您這種超能力，也一定有存在的理由。」

「你的意思我不太明白。」白澤凝視着我。

「我覺得，您擁有這樣的超能力，就應該要承擔比其他怪獸更大的責任吧？」

「甚麼責任呢？」

「您是中華民族幾千年歷史的見證者啊，對於我們這個民族來說，您的回憶是很重要的。因為沒人能活那麼長的時間，也沒人能記錄世間所有的事情。只有您，您就是一本活字典。」我說，「也許，在某個特別重大的時刻，您的回憶會給我們帶來非常非常大的幫助。」

「你說的那個重大時刻會是甚麼時候呢？」白澤的眼睛裏閃現出光彩。

「那我就不知道了。」我眨眨眼睛說，「連怪獸都無法預測的事情，我一個小女孩怎麼會知道？不過我相信，一定會有一個重大時刻，我們會非常需要您的這些回憶。」

白澤沉默了，他「咕嘟、咕嘟」地把酒壺裏的酒喝了個精光。

「你的想法還真是出人意料。」白澤突然快活地說，「不過我很喜歡這個解釋。我還不知道你叫甚麼名字呢。」

「我叫李小雨！我媽媽是故宮的……」

沒等我說完，白澤已經把話接了過去：「李小雨，我知道了。現在，你也是我記憶中的一部分了。」

啊！我太吃驚了，我居然和那些神仙、怪獸、妖精，

還有幾千年的中華文明一起，成了白澤記憶中的一部分，這聽起來太棒了！

「說起來，你長得很像元朝的一位公主呢。」白澤看着我的臉說，「那位公主在打獵的時候，我曾經見過她一面，那是一位勇敢的公主。」

「真的嗎？」我大叫起來，「我姥姥是蒙古族的。那位公主說不定就是我的祖先。」

聽到我這麼說，白澤變得放鬆起來，剛才的憂傷彷彿一掃而光了。

他告訴了我許多我從未聽說過的怪獸，還聊起了古代時他的見聞，都是很有趣的故事。

「啪」，故宮裏的街燈亮了起來，在黑暗的天空下，燈光是成熟了的柿子的顏色。已經這麼晚了嗎？我一下子跳了起來。

「我要回去了，待了這麼久，我媽肯定着急了。」我撿起書包。不知甚麼時候，白澤已經把他的腳移開了。

「那就此告別吧！」白澤望了望身後宮殿的陰影，說，「回去的路上要小心，這個時候游光最喜歡出來了。」

「游光是甚麼？」

白澤笑着說：「他是一個小怪獸，有八個頭，喜歡飄浮在半空中，頭上有微弱的火光。不過你不用害怕，游光從

來不傷人。他以前是火神，因為太喜歡惡作劇而被免除了官職。他最怕的就是怪獸猰㺄，所以只要猰㺄在的時候，他就很少出現。」

我小聲說：「聽起來怪嚇人的。」

「那我教你個方法，如果你碰到游光，就問他『你怎麼只有七個頭了？』游光就會覺得丟臉，很快就會跑了。」

我點點頭：「謝謝您，白澤大王！過兩天我再來聽您講故事。能告訴我您住在哪裏嗎？」

白澤指了指身後的房子：「這個月我會一直住在太和門西廡房。」

我向前走了兩步，太和門西廡房的旁邊正豎着一塊牌子，上面寫着「清宮鹵簿儀仗展」。我心中一動，這個白澤會不會就是清朝皇帝出行儀仗裏白澤旗上的那個怪獸呢？

和白澤告別後，我穿過一道道宮門，在漆黑的廊道上跑了起來，風從我的耳邊吹過。

突然，離我不遠的地方出現了一個白影，我猛地停住腳步，難道真的是游光出來了？

「白影」發出了聲音：「李小雨？沒想到會在這裏碰到你，喵——」

是野貓梨花的聲音，我鬆了口氣。果然，路燈下，一

隻步伐矯健的白貓向我跑來，一雙眼睛閃着不一樣的顏色。

「你怎麼會在這兒？」這個時候梨花應該在食堂等着剩飯才對。

梨花舔舔嘴脣說：「我剛才去西三所那邊吃貓罐頭了。這個時候其他的傻貓都在食堂，沒人和我搶。你怎麼會在這兒呢？喵──」

「我剛從太和門那邊過來，碰到了白澤大王，一不留神天就黑了。」我回答。

「怪不得。」梨花一點兒也不意外地說，「他可是怪獸中的故事大王。他講起故事來，幾天幾夜都講不完的。喵──」

「故事大王？」

「可不是嘛，」梨花笑嘻嘻地說，「就是因為這個原因，大家才都叫他白澤大王啊！」

原來是這樣啊！我一下子明白了。

告別梨花後，一直走到了媽媽辦公室，我都沒有碰到白澤說的小怪獸游光，這讓我有些失望。

其實，我還挺想看看游光的樣子，在他面前大叫一聲：「游光，你怎麼只有七個頭了？」然後，看着他「呼」地迅速消失。那多有意思啊！

‖ 故宮小百科 ‖

金水橋：金水橋是明清北京金水河上的多組橋樑，分別稱內金水橋、外金水橋，始建於明朝永樂年間。太和門廣場中央的內金水橋是太和門廣場前五座漢白玉拱橋的統稱，非常精美壯麗。

《白澤圖》：《白澤圖》又名《白澤精怪圖》，據說收錄了天下一萬多種妖怪的形象和名稱，供人們識別，從而避免妖怪和怪獸的傷害。目前僅存的《白澤圖》只剩下敦煌莫高窟藏經洞出土的兩卷殘卷，一份收藏於法國國家圖書館，另一份保存在大英圖書館。

2
美人「龍」

　　故宮旁邊新開了家古籍書店，有線裝版的《神異經》《稽神錄》《幽明錄》，也有全套的《欽藏英皇全景大典》《多雷插圖本〈聖經故事〉》《黃面志》，還有來自十五世紀的希伯來文羊皮卷經書……

　　我捧着一本書，站在低矮的書架前，神情緊張。因為這家書店的老闆正站在我身後，眼睛瞄着我翻看的書頁。他看起來和我爺爺的年紀差不多大，鼻樑上架着一副眼鏡，他喜歡伸出他那骨節突出、髒兮兮的手在客人看的書頁上指指點點。

　　聽說，他一輩子都在收藏古籍，想開個書店卻一直

沒有錢。後來，他用網上眾籌的方式籌集經費，沒想到真有三百多個網友湊錢給他開了這家書店。他每天都待在這裏，一邊小心翼翼地看着他的寶貝書們，一邊找機會和客人聊天，講述他年輕時經歷的事情，是個特別絮叨的老人家。

書店又來了客人，老闆忙去迎接，我趁機鬆了口氣，趕緊向書店的後堂走去，希望老闆不要再來打擾我。

我專找書堆得最多的地方鑽，繞過擺放了一大摞精裝版的四大名著和一排古代法術研究的書架後，我終於在一個有點兒陰暗的角落裏找到了「棲身之地」。

這裏擺着三排書架，以奇怪的角度擺成了三角形，只在一角留下了一個小小的缺口。我從那個缺口擠了進來。這家書店從外面看不出來有這麼大，從大街上只能看到一個低矮的門簾，這和胡同裏的那些半間屋子的小賣部沒甚麼不同，沒想到裏面可以擺放下這麼多的書架和書，真是店不可貌相。

我選了一個書架，慢慢看着書脊上的書名。因為校慶，同學們要排練節目，今天下午學校放半天假。我沒有參加任何節目，所以有大把的時間可以在這裏挑書、看書。

不知道是不是總待在故宮裏的原因，我特別喜歡那些書頁泛黃、發霉、卷角的古籍。當然，我只喜歡一些特定

的書，它們常常記錄了很多我從沒聽說過的怪獸、鬼怪和神仙的故事，那些故事多數都發生在數百年前。

我不慌不忙地翻着那些書名看起來很有趣的書，突然一本書吸引了我，我輕輕地把它從書架上取下來。

這是一本年代久遠的線裝書，很薄，淡黃色封皮，書頁已經泛黃，開始褪色，書角已經磨損了，封面上的書名也變得模糊，我費了很大勁才認出那上面寫的是「怪獸金吾典彙」。我猜測這應該是一本類似字典的書。

一個叫金吾的怪獸的典籍？正是我喜歡的書，我微微一笑。不過，金吾是甚麼怪獸呢？

「那麼，好吧。」我自言自語道，「讓我來看一看。」我打開書，開始翻閱目錄。

目錄是這樣的：

第一卷 海中之獸

第二卷 金吾的逆鱗

第三卷 金吾之趣事

…………

看來這不是一本尋常的書。我往後翻了兩頁，看到了下面一段話：「金吾，形似美人首魚尾有兩翼，其性通靈不睡……」

我合上了書。

看書名我還以為這是明朝時民間喜歡的那種神話書呢，但現在看來，我的猜測是錯誤的，這本書很有可能是在民國時期，甚至是在近代寫的，因為書中沒有那種拐彎抹角的文言文，而是描述很直接，也很容易看懂的白話文。

「找到喜歡的書了嗎？」一個沙啞的聲音突然在我身後響起。

我嚇得倒吸了一口冷氣。不知道甚麼時候，書店老闆已經悄無聲息地走到了我身後。

「我……我喜歡這本。」我把手中的書遞給他。

他高興地接過來，一邊擦着書上的灰塵一邊說：「你還挺有眼光，這可是本很少見的書。」

「是嗎？」

「金吾是很少見的怪獸，就算在古書中也很少出現。」他撫摸着手裏的書，似乎在思考甚麼。

「可是……我不知道自己帶的錢夠不夠……」我知道古書的價格都貴得要命，這家書店有一本清朝時期的古書，標價是一萬多塊錢，我可沒有那麼多錢。

書店老闆盯着我的眼睛看了一會兒，突然笑了。

「小姑娘，你不但很有眼光，也很幸運。」他頓了頓，說，「這本書損壞得太嚴重，我正打算把它便宜賣掉。只要五塊錢，它就是你的了。」

「真的？」我睜大眼睛，不相信這麼好的事情居然落到了我頭上。

「當然是真的，我是不會欺騙小孩子的。」書店老闆點着頭說，「需要給你裝袋子裏嗎？」

當我捧着這本書走出書店的時候，我還是有點兒不敢相信。這是我擁有的第一本古書，我居然買到了一本古書，只要五塊錢！

我小心翼翼地把它放進書包，一路小跑回到了媽媽的

辦公室。媽媽在倉庫，一時半會兒不會回來，我把門關得緊緊的，上了鎖。可不是每個人都能買到一本像《怪獸金吾典彙》這樣的書的，我心裏很激動。

媽媽的電腦就放在桌子上，沒來得及關。要是平時，我一定會逮住機會看動畫片，但是今天，我都沒有停下來看它一眼。我把沙發上的東西一股腦兒地搬到了小牀上，然後一屁股坐了下來，開始閱讀《怪獸金吾典彙》。

金吾這種神獸真的很有意思，如果沒有看過這本書，你肯定想像不到世界上會有這種怪獸存在：身為怪獸，卻是食草動物。他脖子下面長着特殊的「逆鱗」，觸摸那些「逆鱗」是激怒他的最簡單的方式。他是守護型神獸，幾千年來從來沒睡過覺，總是忠實地在守護的地方不停巡查。書裏還說他「不生不死」，這是甚麼意思呢？我不太明白。

最有意思的是，在書的結尾居然還有「怎樣見到怪獸金吾」的說明，這些說明簡直就像是咒語，奇怪得要命，對於這些看不懂的東西，我沒甚麼耐心看下去。

我合上書的時候，天上已經升起一輪明月。

太有意思了！這樣專門寫一種怪獸的古書我還是第一次碰到。

「金吾，形似美人首魚尾有兩翼，其性通靈不睡……」用「美人」來形容一個怪獸，這也太奇怪了！從這個描述

來看，金吾很像傳說中的美人魚，只不過是多了一對翅膀。

我更加好奇了，這個大怪獸到底長甚麼樣子呢？

於是，我又打開了書，一下子翻到最後，開始仔細閱讀「怎樣見到怪獸金吾」的說明。

我雖然看不懂那些咒語，但是上面的字我卻全認識。我一邊小聲讀着咒語，一邊覺得自己這樣做挺傻的，想見一個傳說中的怪獸尤其是像金吾這樣很稀有的怪獸，怎麼可能這麼簡單？

唸完咒語，我開始不安地在狹小的房間裏走來走去。我其實應該先去問問楊永樂再唸這些咒語，他不是說自己是薩滿巫師嗎？那他應該能告訴我唸這些咒語是否安全。

「哎呀，哎呀，哎呀。」我有點兒後悔，萬一這是個陷阱……還沒想完，我發現自己已經出現在另一個空間裏。

沒錯，我沒暈，很清醒，睜着眼睛，發現自己到了另一個地方，但怎麼來的卻不知道。甚麼時間隧道、任意門之類的東西都沒看見。

我只是晃悠了那麼幾下，前後不超過兩秒鐘，就發現自己站的地方不再是媽媽的辦公室，而是在一個不算大的古代房子裏。

房間裏沒有燈，但窗外的路燈透過玻璃照了進來，那燈和故宮裏的路燈沒甚麼兩樣，我鬆了口氣。

有電燈和玻璃，這說明我沒像電視劇裏的人那樣，穿越到古代。這是一間有紅色立柱的房間，還散發着油漆味兒，應該剛剛被翻修過。

到底是哪兒呢？我走到窗戶邊往外看。

咦？眼前的宮殿不正是故宮裏的太和殿嗎？難道，我不僅沒有穿越，甚至連故宮也沒出？

知道在自己熟悉的地方，我安心了許多。我稍微辨別了一下方向，大致能確定自己在太和門西廊廡中的一間屋子裏。

就在我準備推門出去的時候，身後突然有了點兒動靜，我猛地轉過身，一個怪獸出現在我眼前。

難道，這就是書中的金吾？我緊緊盯着他。

美人魚……我居然會這樣想像他的樣子，簡直太可笑了！不錯，他是擁有美人魚一樣的魚尾，卻長了一個奇大無比的龍頭。如果非要把他和美人魚扯上關係，那也只能叫美人「龍」。

他還有一對肉乎乎的翅膀，和蝙蝠的翅膀有點兒類似。

「金吾，形似美人……」《怪獸金吾典彙》的作者到底見沒見過真正的金吾呢？我怎麼也看不出眼前這個怪獸哪裏像美人。

金吾也看見了我。

「你是誰？」他問我。

「我是李小雨。」

「李小雨是誰？」

「就是我啊……」我撓撓頭。

金吾想了想，又問：「你是怎麼來到這兒的？」

「我也不太清楚。」我實話實說，「就是看了那本《怪獸金吾典彙》以後……」

「又是那本書！」他似乎生氣了，鼻子裏喘着粗氣。

「你知道那本書？」我有點兒意外。

「是的，因為你不是第一個被那本書送來的人。這一百年以來怎麼也有兩三次，我被突然出現在自己面前的人類嚇一大跳。」金吾歎了口氣說，「早知道這樣，當年就該一口吞下那個巫師。」

「巫師？」

「就是寫這本書的人，他是宮廷裏的薩滿巫師，不知道為甚麼，偏偏喜歡找我的麻煩，還寫了這麼一本招人煩的書！」他臉上露出厭惡的神色。

「以前那些被送來見你的人，他們後來都怎麼樣了？」我有點兒不好的預感。

「他們都成了啞巴。」金吾說，「我很討厭人類看到我的樣子後到處亂說。」

我嚇得捂住了嘴巴，怪不得書店老闆說，很少有人知道金吾的樣子。原來，看到他樣子的人都變成了啞巴！

「那……我……我……不要！不要！」

我渾身發抖地向後退，我可不要變成啞巴！

「抱歉，沒人能例外。」金吾盯着我的眼睛說，「想到你年紀這麼小就要變成啞巴，我也覺得很可惜。」

他張開背後的翅膀，慢慢向我靠近。

「不！不！」我絕望地尖叫。眼看着他就要飛到我面前了，我嚇得閉上了眼睛。

就在這時，一陣風颳過，好像有甚麼東西擋在了我前面。

「金吾，夠了，你把這孩子嚇壞了。」這聲音有點兒耳熟，好像不久前聽到過。

我小心地睜開眼睛，看到一個渾身雪白的怪獸正擋在我和金吾中間。

啊！是白澤！

「白澤？」金吾也很意外。

「怎麼幾千年來你一點兒變化都沒有？就知道打打殺殺。虧你還是守護神獸，遇到事情難道不該先動腦子嗎？」白澤歎了口氣說，「你把看到你的人都變成了啞巴，不是照樣有人把你的樣貌寫了下來，畫了下來，他們還把你的樣

子做成武器、旗幟甚至盔甲，流傳了上千年。」

金吾收起翅膀，輕輕落到地上，沒有說話。

白澤接着說：「如果你真不希望人類看到你，把那本書毀掉不就行了？傷害比自己弱小的人類，這不是我們怪獸應該做的事情。」

「既然白澤出面，我可以饒了這個女孩，但她必須答應我兩件事。」金吾頓了頓，似乎在思考甚麼，然後說，「第一，她不可以和任何人提起我的相貌。第二，她必須燒掉那本《怪獸金吾典彙》。」

我使勁地點着頭，只要不變成啞巴，他讓我做甚麼我都願意。

「太晚了，你趕緊離開這裏吧！小雨。」白澤向我使了個眼色。

我趕快逃命似的跑回媽媽的辦公室，直到把門鎖緊，我的腿還哆嗦個不停。

真是太驚險了，我差一點兒被金吾變成了啞巴！

那本《怪獸金吾典彙》不知甚麼時候掉到了地上。我從抽屜裏找出打火機，把書拿到院子裏燒掉了。

雖然心裏覺得可惜，但是，這麼危險的書還是不要再被人發現比較好。

畢竟，誰也不想因為自己的好奇心而被變成啞巴啊。

故宮小百科

太和殿：太和殿俗稱金鑾殿，它精美宏大，為紫禁城內等級最高的建築。它與中和殿、保和殿建在一座三層漢白玉台基上，合稱「三大殿」。「三大殿」位於紫禁城中軸線暨北京中軸線上。

太和殿始建於明朝永樂四年（1406年），建成於永樂十八年（1420年），初名奉天殿。嘉靖四十一年（1562年）重建後改名為皇極殿。清朝順治二年（1645年），改名為太和殿。

太和殿的作用有很多：明朝、清朝的皇帝均在太和殿舉行大典，例如即位、皇帝大婚、冊立皇后、命將出征等；皇帝還在太和殿定期舉辦「朝會」，接受文武官員朝賀；清朝時，太和殿還曾作為科舉考試中殿試的場所。

太和殿前的東、西兩廡各有一閣：弘義閣位於太和殿前廣場西側；體仁閣位於太和殿前廣場東側。

金吾：傳說中長得像鰲魚，胸前有兩翼的怪獸。牠喜歡四處巡遊。另外也有一種說法認為，金吾是一種生活在太陽中的神鳥，《漢書·百官公卿表》顏師古注：「金吾，鳥名也，主辟不祥。天子出行，職主先驅，以禦非常，故執此鳥之像，因以名官。」由此古人也把拱衛皇帝或皇城安全的近衛軍稱為「金吾衛」。

3
得罪怪鳥的後果

　　起風了，但沒人當回事兒。

　　這段時間，楊永樂每天放學後都在改造他舅舅的電動三輪車，今天終於完成了。他得意地騎着自己的「作品」來找我：「怎麼樣？要不要兜兜風？」

　　我被嚇了一跳：他居然在這輛三輪車上加了個鐵罩子，這使三輪車看起來像一輛迷你小汽車。

　　「你舅舅會怪罪你的。」我一邊看一邊搖頭。

　　「放心，我已經說服他了。」他滿不在乎地說，「我告訴他，有了這個保護罩，哪怕颳大風、下大雨他也可以照常騎車出門。」

「你幹了一個多月，就是為了給它加個避風擋雨的功能？這太無聊了。」

「比你上那些亂七八糟的補習班、藝術課有趣。」他反駁道，「至少很實用。」

這時候，野貓梨花不知道從哪兒躥了出來。

「這是甚麼怪物啊？喵──」她圍着變了樣的三輪車轉了一圈。

「我的新作品── 電瓶三輪汽車。」

「哦，它看起來不太結實。喵──」梨花用爪子推了推新裝上的鐵罩。

楊永樂冷笑一聲：「哼！不結實？它比你想像的結實一百倍。要是裝上個火箭發射器，飛上太空也沒問題。我打算給它起個名字，就叫太空艙，怎麼樣？」

「太空艙？我覺得它更像雞蛋殼。喵──」

梨花一扭頭，邁着貓步準備離開。

「你不是來找我的？」我追在她後面問。

「不，我只是為了抄近道。」她回答，「聽說，鳶鳥出現在延春閣，我要去看看。喵──」

「延春閣？我昨天剛在太和門西側廊廡的『清宮鹵簿儀仗展』看到繡着鳴鳶的旗幟，他怎麼會跑到延春閣去了？」楊永樂問。

「因為他是鳥啊，長着翅膀，自己會飛。喵——」梨花像看智力障礙者一樣看着他。

「我們和你一起去。」楊永樂鎖上他的三輪車。

「一起去可以，但你們千萬不要亂說話，鳶鳥脾氣很大的。喵——」

「知道了，知道了。」我嘴裏胡亂答應着。

遊客們已經散去，故宮裏空曠而安靜。我們橫穿過整個西三所，來到延春閣的院子時，風吹着古槐樹的樹梢，樹上的槐莢被吹落了一地。一隻表情很兇的鳥站在樹枝上，遙望着遠方。他體形不算大，也就比烏鴉大一圈，有黑褐色的羽毛，上嘴彎曲，脖子上有簇白色的羽毛。

「果然，鳶鳥就是老鷹啊。」楊永樂笑着說，「看到旌旗上的畫像時，我還不敢確認，現在總算親眼看到了。」

「可是鳶鳥在古代不是神鳥嗎？」我問。

「的確有這樣的傳說。」他回答，「但我實在看不出他和普通老鷹有甚麼不同。」

我們走到槐樹前，鳶鳥低下頭。楊永樂說得沒錯，他真的和老鷹非常像。

「嗨，鳶鳥，好久不見。喵——」梨花柔聲柔氣地說，「今天的風也是你帶來的吧？」

鳶鳥沒有回答梨花的問題，而是盯着我和楊永樂說：

「這兩個孩子我好像沒見過。」

「他們是我的朋友,都是故宮裏工作人員的孩子。喵──」梨花趕緊解釋,「她是李小雨,旁邊是楊永樂。」

「很高興見到你,老鷹。」可能是因為腦子裏一直想着老鷹的形象,我順嘴就說了出來。

梨花狠狠地用爪子撓了一下我的腳。

我趕緊改口:「不,我是想說,鳶鳥。」

沒想到,楊永樂卻接着說:「鳶鳥不就是老鷹嗎?你們沒有甚麼不同,對嗎?」

鳶鳥眼睛裏立即閃現出嚇人的光芒:「沒禮貌的孩子,你想看看我和老鷹有甚麼不同嗎?」

說着,他突然仰頭高聲鳴叫。

幾乎同時,一陣大風捲着樹葉吹過來,連延春閣屋頂的琉璃瓦都發出了「嘩嘩」的響聲。

「看到了?這就是我們的不同。」鳶鳥高傲地揚起頭。

「你是說,剛剛那陣風就是你施的法術?」我有點兒不相信。

楊永樂也搖着頭說:「應該只是巧合,老鷹不可能具備那種能力。」

「你們不相信我也沒辦法。」鳶鳥冷笑着說,「不過我警告你們,今天我很生氣,所以你們晚上最好不要出門。」

說完，他張開翅膀，「呼啦」一下飛走了。

「看，他飛行的樣子也和老鷹一樣。」楊永樂說。

我點點頭。

沒想到，梨花卻尖叫起來：「說好了不要亂說話，你們還亂說！一會兒你們就知道惹怒鳶鳥的後果了。喵──」

說完，她慌慌張張地朝珍寶館跑去。

「你那麼着急去幹甚麼？」我追着她問。

「沒聽到鳶鳥的警告嗎？晚上不要出門！」她邊跑邊說，「你們也趕快回家吧！喵──」

哼！這隻膽小的野貓，難道怕老鷹吃了她？

我和楊永樂都沒把鳶鳥的話當回事，慢悠悠地各自走回去。風有點兒大了，在故宮的高牆間發出「呼呼」的聲音。

「小雨，你回來得正好。」一進屋，媽媽就對我說，「我需要你幫個忙。風有點兒大，我們正在做建築防護。今天加班的人不多，人手不夠，你幫我去北池子那邊的建材商店買一些固定材料吧，東西不多，你騎我的自行車去。」

「沒問題！」能幫上媽媽的忙，我挺高興。

媽媽把要買的東西寫在紙條上，把錢和自行車鑰匙交給我，就急匆匆地離開了。

「你幹嘛不騎我的電動車去？」楊永樂說，「風那麼

大，騎自行車多費力。用我的『太空艙』，省勁兒又防風，多好！」

「算了吧，你改造的東西我不放心。萬一半路壞了怎麼辦？你把它弄成這個樣子，我推都推不動。」

「我的作品怎麼可能壞？」他不高興地說，「你要是實在不放心，帶上對講機不就行了？要是壞了，你就叫我過去推。這總行了吧？」

看到他那麼有誠意，我就接過他手裏的鑰匙。電動車怎麼也比自行車快得多，我也想早點回來吃晚飯。

我們走到閃閃發光的流線型「太空艙」前，鐵罩看起來還算結實，楊永樂應該費了不少力氣。

我坐了進去，戴上摩托車專用安全帽，把對講機架到手機架上，發動了引擎。

我開着「太空艙」穿過院門，感覺像是在開電動玩具車。沿着故宮的紅牆，「太空艙」快速移動着，雖然我沒怎麼使勁踩加速檔，但它仍然比騎自行車快多了。

風似乎又大了一點兒，尤其是夾道這樣的地方，兩側的牆都很高，氣流只能往一個方向移動，風就要比別的地方更猛烈一些。

我穩穩地前進，時不時有被風捲起的小石子和樹枝砸到車殼上，發出「啪、啪」的響聲。

「情況怎麼樣？」對講機裏傳出楊永樂的聲音。

「挺好，你的『太空艙』很不錯。」我微笑着說。

我看見幾隻野貓飛快地鑽進了旁邊的院子。天空中，一隻鳥都沒有，就連最喜歡在傍晚出來遛彎兒的蝙蝠，都不知道躲到哪兒去了。

電動車就是快！不一會兒我就到了建材商店。

「哇，這麼大的風，你一個小姑娘不怕被風吹跑了？」商店裏的光頭老闆和我開玩笑。

「沒事的，我有『祕密武器』。」我指指門口停的「太空艙」。

「喲！電動三輪車怎麼變成這樣了？」光頭老闆大吃一驚，好心地說，「丫頭，你這麼小的孩子騎電動車是違反交通法規的，何況還是改裝過的電動車。趕緊拿了東西回去吧，幸好路不遠。以後別再開出來了。」

他三兩下就把我買的東西裝進袋子。

「快回去吧，路上小心點，變天了，這風颳得有點兒邪行。」

我回到「太空艙」裏，老闆說得沒錯，風更大了。車在狂風中晃起來。

「喂，喂，李小雨！李小雨？」楊永樂用對講機呼叫。

「我在呢，怎麼了？」

「你要不要等風小點後再回來？」他問。

「怎麼？你對你的『太空艙』沒信心？」

「當然不是，我只是覺得風太大了，怕你看不清路。」

「沒事的，這時候路上人少。等風停了，警察出來把我抓起來怎麼辦？我剛聽說，咱們這個年齡的孩子是不准騎電動三輪車的。我還是趁人少的時候趕緊回去吧。」我回答。

我調轉車頭，迎風而上，踩了半天的加速檔，「太空艙」卻像蝸牛一樣慢吞吞地在風中移動着，來時的神氣勁兒一點兒都沒了。

透過前窗，我看到大風捲着塵土滾滾而來。這是一場沙塵暴，沙塵裏的沙子像雨點一樣，打在車罩上劈啪作響。

我感到「太空艙」的發動機顫抖了一下。這時，它剛剛挪進故宮的東華門。

「千萬別熄火！千萬別熄火！『太空艙』再堅持一下！」我嘴裏嘟囔着。

這時候，我聽到身後傳來「轟隆隆」的聲音。我扭過頭，發現不遠的地方，一個足足有一米高的垃圾桶被狂風吹着，直直地朝我這邊撞過來。

我趕緊扭轉車把，可是，「太空艙」行進的速度簡直像是電影裏的慢動作。

「快躲開！快躲開！」我大叫出聲。

幸運的是，車子與大垃圾桶恰好交錯而過。那個垃圾桶「轟隆隆」地滾到我的前方去了。

剛才實在是太危險了，我嚇出了一身冷汗，有點兒後悔沒聽楊永樂的勸告，等風小點再回去。

我重新扶正車把，再次把「太空艙」開進風裏。進入故宮，風更大了，高大的牆壁，狹窄的通道，讓狂風發出野獸一樣「嗚嗚」的吼聲。

楊永樂的聲音從對講機裏響起來：「你怎麼樣？怎麼還沒到？」

「很好，別說話，我忙着呢！」

「太空艙」行進的速度還不如我平時走路快。但這並不是最糟糕的，最糟糕的是，在我開進故宮沒多久，我就聽見鐵皮焊接的部分發出了「嘎啦」聲。

「你用甚麼固定鐵罩子的？」我通過對講機問楊永樂。

「螺絲和焊接，怎麼了？」

「我想至少有一個螺絲鬆了。」我回答，因為鐵罩子已經在我頭上嘩啦啦地顫抖起來。

「你走到哪兒了？」楊永樂的聲音緊張起來。

「剛過文淵閣。」我回答。

「我去幫你！」

「不要！你現在出來估計就被風吹跑了。說真的，我從小到大就沒見過北京颳這麼大的風。」我阻止他說，「我走一步算一步吧，出了問題再說。」

在這樣的風速下騎車，就像在大海中逆水行船。行進了至少有半小時，車子上的鐵罩越晃越厲害，但它最終經受住了考驗，沒有掉下來。終於，我能看到媽媽辦公室的院子了。

「我要到了！」我衝着對講機大叫。

幾乎同時，鐵罩裂開一個巨大的口子，風沙從那個口子直吹進來，車裏立刻被黃色沙塵籠罩。

我停下車，熄了火。一是因為我看不清路了，另一個原因是，我感覺到，如果我再這麼頂風前進，「太空艙」的鐵罩子就要被風吹飛了。

　　沒有了車子發動機的聲音，我聽到一陣尖銳的呼嘯聲，聽起來有點兒耳熟。對了，就像我剛剛聽過的鳶鳥的鳴叫。難道，這風真的是那隻怪鳥呼喚來的？

　　「怎麼還沒到？你在哪兒？」楊永樂的聲音又從對講機裏冒了出來。

　　「離你不遠，但是我停車了。告訴你個壞消息，『太空艙』肯定飛不上太空，它現在就快散架了。」我回答。

　　「你打算怎麼辦？」他的聲音聽起來有點兒沉重。

　　「等風小一點兒……天啊！穩住！」我突然發現，媽媽的辦公室彷彿正在飄走，離我越來越遠。我使勁擦擦眼睛，心想自己是不是瘋了。然後我意識到，不是那些建築在飄走，而是我和「太空艙」正在被風推着，離院子越來越遠。

　　驚慌中，我重新啟動「太空艙」，「不前進，就後退」，老師平時說的都是對的。在發動機聲中，「太空艙」又開始緩慢前進，沒走幾步，它的一片鐵皮被風撕了下來，大量的沙塵湧了進來，打在我的頭盔上。我暗暗慶幸，要是沒帶摩托車頭盔，估計這會兒我已經瞎了。

只能快點回去，沒有別的辦法。

我把「太空艙」的馬力開到最大，扶緊車把。在狂風的吼叫聲中，「太空艙」開始加速，雖然它的速度仍沒有走路快，但至少它在接近院子的大門。

又一塊鐵皮被吹飛了，我覺得自己再不衝進屋子裏的話，下一個被吹飛的就應該是我了。我在狂風沙塵之中堅持着，突然感覺風小了一點兒，趁這個機會，我駕駛着「太空艙」衝進院子，連滾帶爬地闖進了媽媽的辦公室。

安全了！我躺在地板上，喘着粗氣。

楊永樂不知甚麼時候進來了，他蹲在我旁邊，關切地問：「怎麼樣？」

「我挺過來了，但『太空艙』散架了。」

「我剛才看到了。」他說，「還好只是罩子上的鐵皮飛了，其他的沒事，否則我舅舅饒不了我。」

「是啊，你這一個多月的工夫白費了。」我咧嘴一笑。

「只要你沒受傷就好。」

「怎麼會颳這麼大的風？氣象台完全沒有預警。」我坐起來。

他站起來，走到書桌前拿起一本書遞給我：「你去建材商店時，我恰好看到了這個。」

「這上面有甚麼？」我接過書，看到封面上赫然寫着

「孔穎達疏」。

「看這頁。」他翻到其中被折了角的一頁。

我湊過去，看到有一句話被圓珠筆重重地畫上了橫線，那上面寫着：「鳶，今時鴟也。鴟鳴則風生，風生則塵埃起……」

「所以……」我抬頭看着楊永樂。

「所以，經歷這場大風，應該是我們得罪那隻怪鳥的後果。」他說。

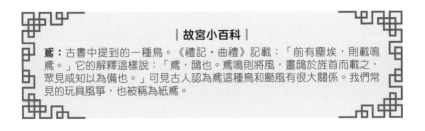

故宮小百科

鳶：古書中提到的一種鳥。《禮記·曲禮》記載：「前有塵埃，則載鳴鳶。」它的解釋這樣說：「鳶，鴟也。鴟鳴則將風，畫鴟於旌首而載之，眾見咸知以為備也。」可見古人認為鳶這種鳥和颮風有很大關係。我們常見的玩具風箏，也被稱為紙鳶。

4
拯救仙界

　　那天晚上，我做了一個挺奇怪的夢。

　　我夢到一位禿頂的老人站在我面前，他穿着黃色的長衫，留着長長的白鬍子，對我說：「對不起，打擾了你的美夢，但是我有一件十分要緊的事情，希望能得到你的幫助。」

　　一位老爺爺這樣客氣地請我幫忙，讓我很不好意思。我趕緊說：「您不用客氣，雖然我還只有十一歲，但如果有我能幫上忙的，您告訴我就可以了。」

　　「雖然有點兒難為你，但現在我好像只能進入你的夢境，所以也沒有其他辦法了。」老人歎了口氣說，「如果連

你都做不到，那我們這個世界可能就要毀滅了。」

「毀滅？」我嚇了一跳，心裏不禁打鼓，拯救世界這種事，我能行嗎？

我有點兒後悔那麼輕率就答應了老人。於是，我小心翼翼地問：「請問，到底是甚麼事情呢？」

老人告訴我，從上古時代起，他和他的朋友們就居住在一個叫作蓬萊仙島的地方。那是大海中的一座小島，島上有一座高山，周圍被七彩祥雲環繞着。山中還有竹林與能結出壽桃的桃樹。他的家就建在山頂上，仙鶴們喜歡在他家附近飛翔。他的朋友來他家做客後，很多就不願意再離開，於是留在了小島上常年居住。他們談論古今發生的事情，喝酒作詩，偶爾會管管人間的閒事，生活非常快樂。

「等等。」雖然知道這樣做很不禮貌，但我還是忍不住打斷了他的話，「您說的蓬萊仙島不是傳說中神仙們住的地方嗎？」

「是的。」

「難道您是仙人？」

「正是。」老人點點頭。

我有點兒不敢相信地問：「那您剛才說讓我幫忙，難道是說讓我幫神仙們的忙嗎？」

「你說得對，小姑娘。」老仙人回答。

我嚥了口唾沫，連神仙都解決不了的事情，我能做得到？這不是開玩笑吧？

「您能不能告訴我，到底出了甚麼事？」

老仙人深深歎了一口氣，開始講起來。

他告訴我，就在昨天晚上，蓬萊仙島突然倒了。整座山直愣愣地倒了下來，還好山體並沒有甚麼大的損壞。而幾乎同時，海水也改變了方向。海水的海平面不再平行於地面，而是豎立了起來，成為和地面垂直的角度。更讓人吃驚的是，即便海平面變成了這樣的角度，海水居然沒有倒灌。所以，蓬萊仙島上的建築和植物都還沒有被淹沒。

「您是說，海水立了起來？像面牆一樣，豎在地面上？」我睜大了眼睛，即便在科學這麼發達的今天，這件事也仍然很難想像。

「差不多就是這個意思。」他回答。

「這不可能！」我尖叫起來，「這不符合有關萬有引力的科學定律。」

「在我們的世界，倒也沒有甚麼不可能的。」老仙人冷靜地說，「但這種情況，以前從來沒發生過。」

「這是怎麼發生的？」我實在理解不了。

老仙人說，這一切都是眨眼間發生的事情。

昨天晚上，他和兩位神仙朋友正在討論自己的年齡。

其中一位朋友說，他不記得自己到底多少歲了，只記得小時候認識開天闢地的神仙盤古。另一位朋友說，他也不記得自己多大年紀了，只知道從小就住在海邊，每當看到茫茫大海變成農田，他就往屋子裏扔一個竹籌，現在竹籌已經堆滿十間屋子了。老仙人聽了，覺得有趣，於是說，自己也不記得是甚麼時候出生的了，只知道每九千年去吃一次蟠桃會上的蟠桃，他就把桃核兒扔到崑崙山下，現在桃核兒已經堆得和崑崙山一樣高了……

但他們的故事還沒說完，天空中就傳來了巨大的響聲，緊接着天昏地暗，蓬萊仙山倒了下來，山上的仙人、仙童們一下子亂作一團。等到大家鎮定下來後，才發現，原本在腳下的大海，已經豎在了倒塌的山旁邊。

「有仙人受傷嗎？」我擔心地問，聽起來這真是巨大的災難。

「還算幸運，都只有一些輕微的擦傷。」老仙人說。

「你們是仙人，知道這是甚麼原因嗎？」

老仙人搖搖頭說：「居住在蓬萊仙島的所有仙人都聚在一起開了會，但沒能找出原因。這樣的災難在之前從來沒發生過，它完全不同於地震。就連七千年前那場淹沒人間的大水，也比這更好解釋。」

「後來呢？」我問。

老仙人告訴我，災難過後，仙人們試圖想辦法恢復原來的世界。他們本來都是擁有法術的仙人，原以為自己一定能夠解決面臨的問題。於是，大家各自使出了自己的看家本領。連在仙界地位極高的東華上仙都使出了法寶，但情況並沒有改變。

於是，仙人們開始考慮接受現實，打算在倒塌的蓬萊仙島上重新建起樓閣，畢竟仙山並沒有任何損壞。可是，豎起來的大海就像一面鏡子在他們身邊，海水像是隨時會衝過來似的，這讓大家都覺得不安。

「這件事發生得太突然，哪怕是神仙也不知道豎立着的大海後面還藏着甚麼危險。」老仙人說，「雖然它現在看起來就像以前一樣平靜，海浪的形狀也沒有改變，但是，既然它會豎起來，就有可能隨時倒下去，那時候蓬萊仙島一定會被海水砸個粉碎。」

我點點頭，非常同意他的說法，住在豎立着的大海旁邊，誰能安心呢？

「聽到仙人們遇到了這麼大的麻煩，我很難過。」我說，「但是，請原諒。我只是個普通的小學生，一點兒法術都不會，很多大人都覺得我還是個小孩。我覺得這件事，我沒有力量，也沒辦法幫助你們啊。」

「我正要說到這點。」老仙人把他的拐杖放到了身

後，說，「我自己也想了很多辦法，試圖讓蓬萊仙島恢復原樣，結果你也知道了，連東華上仙都完成不了的事情，我當然也無能為力。但是，作為一種愛好，我經常會觀察人間的情況。我很喜歡到人間巡遊，但是近些年人類科技發展以後，神仙下凡就變得不再那麼安全，飛機、衛星、火箭……這些東西的速度太快，隨時可能撞到乘着雲彩下凡的我們。所以，我用了一種新方法，就是到人類的夢中去，從而了解人類生活的變化。」

「這個方法我知道。」我激動地說，「我聽說，很多人類科學家也在研究夢境，來做精神或其他方面的治療。我看過好多電影也是講這個的。」

「那麼，看來你能理解我怎麼會來到你的夢裏了，這就好辦多了。等你一會兒清醒後，千萬不要把我對你說的話，當成一般的夢給忘了。」老仙人囑咐我說。

「明白，我不會只把它當作夢的，也不會忘記。」我向他保證。

「這我就放心了。」老仙人接着說，「很長一段時間，我都是通過人類夢境來了解蓬萊仙島以外的世界。雖然我從來沒離開過那裏，但你們的世界是甚麼樣子，我都知道。所以，當這次災難發生後，我也嘗試了去人類的夢裏尋求解決方法。」

「您找到方法了嗎？」我問。

「沒有，不過我猜到了一些。」他說，「這次災難應該是我們世界之外的力量導致的。」

我有點兒疑惑：「您是說外星人？」

「不，我指的不是外星生物。」老仙人猶猶豫豫地說，「我從一個負責修理故宮文物的人的夢裏知道，我們這個世界非常特殊。」

「您能不能說得清楚一點兒？」我更糊塗了。

「這很難解釋，而且你們那裏的天好像快亮了，我需要抓緊時間告訴你，一會兒等你醒來要做些甚麼。」

「好吧……如果我能做得到的話。」

「我想你應該能做到。」雖然這麼說，但老仙人卻是一副沒甚麼把握的表情，「你睡醒以後，要努力想辦法進到壽康宮。」

「故宮的壽康宮？」

「是的。你有辦法進去吧？」

我點點頭，說：「聽說那裏正在整修，還沒對外開放，不過我會有辦法。」

「很好！」老仙人說，「你進去後，要先找到乾隆皇帝的母親鈕祜祿氏的寶座。寶座後面有一個屏風，你知道屏風是甚麼吧？」

「當然！」

「太好了。記住那個屏風叫『海屋添籌寶座屏風』，是用緙絲工藝製作的，你千萬別弄錯了。」他強調。

「記住了。但我找到『海屋添籌寶座屏風』後做甚麼呢？」我問。

「把它扶正。」老仙人說。

「扶正？您的意思是，它是歪的？」

「它是躺着的，你要把它扶起來。」他強調。

「明白了！然後呢？」

「就這樣。」他說，「找到『海屋添籌寶座屏風』，然後把它扶正，就這麼簡單。」

「這樣就能拯救你們神仙的世界了嗎？」我有點兒不敢相信。

「是的。」老仙人肯定地說，「你能做到，對吧？」

「這並不難。」

「太好了，如果你真的拯救了蓬萊仙島，我們都會非常感謝你的。」

這時，老仙人消失了，我的夢也醒了。

天亮後，我立刻出發向壽康宮跑去，連睡衣都沒來得及換。繞過慈寧宮就是壽康宮，可能最近要舉辦展覽的原因，這裏經常有工作人員出入，所以壽康宮的大門並沒有

上鎖。我很順利就進入了宮殿。

　　時間還早，工作人員都還沒來上班。宮殿裏空蕩蕩的，除了一些家具，甚麼展品都沒有。不過，如果有展品的話，門就不會不上鎖了。聽說，這裏是乾隆皇帝為自己的母親孝聖憲皇后修建的宮殿，這位太后在這裏一住就是四十餘年。

　　我沒費甚麼力氣就找到了「海屋添籌寶座屏風」。這是一張小屏風，還沒有我高，和老仙人說的一樣，它橫躺在地上，應該是有人在修復時放倒的。

　　我繞過寶座，嘗試了好幾次，用盡全力才把它扶起來。僅從表面看，真沒想到它有那麼重！

　　扶正屏風後，我喘着粗氣仔細打量着眼前的屏風，心裏仍然感到納悶兒，自己這麼做到底幫到神仙們甚麼忙了？

　　這時，我的視線突然被屏風上的圖案吸引了：用翠石鋪成的海面，用象牙鑲嵌的樓閣房舍，以翠鳥羽毛貼嵌的山石、樹木，而老仙人正在半空的仙亭中衝我微笑。這不就是蓬萊仙島嗎？

　　我瞬間明白了。

　　那個仙人的世界就在這張屏風裏，因為有人放倒了屏風，畫裏的世界也隨之顛倒，原本與地面平行的海水豎立

了起來，仙山卻倒了下去。而在我扶正屏風的那一刻，一切都復原了。所以，我，真的拯救了仙界！

‖ 故宮小百科 ‖

壽康宮：壽康宮是慈寧宮的寢宮，位於故宮內廷外西路，始建於清雍正十三年（1735年），乾隆元年（1736年）建成，是乾隆皇帝為生母孝聖憲太后建造的。之後也成為皇太后、太妃等人的住處。如今壽康宮已經修繕完畢，保存着舊時的面貌向公眾開放。

海屋添籌：宋代蘇軾的《東坡志林》記載：傳說蓬萊仙島上有三位仙人互相比誰更長壽，其中一位仙人說，每當看到人間的滄海變為桑田，他就在瓶子裏添一根籌，現在籌碼已經堆滿十間屋子，可見其壽命之長。這個典故被用來祝願老人吉祥長壽，因此很適合放在皇太后居住的壽康宮內。故宮博物院收藏了一座清中期由廣東進貢的紫檀嵌牙點翠海屋添籌插屏。這座插屏大約1.5米高，不到1米寬，雕刻十分精美，屏心畫面為海屋添籌的神話故事。它用象牙鑲嵌樓閣房舍，以翠鳥羽毛貼嵌山石樹木，無論是畫面中的仙人，還是往屋內放籌的仙鶴，都栩栩如生。

5
屋裏來了八匹馬

之前聽到過甚麼聲音嗎？我不太確定。

事情實在發生得太突然，過了好一會兒我才回想起事情的經過：我在媽媽的辦公室裏偷看動畫片。因為怕媽媽突然回來，我一直緊張地留意着門口的動靜。

突然我覺得有些不對勁，從電腦屏幕前抬起頭後，我發現屋子裏多了一匹馬！

沒錯，一匹純白色的馬，除了眼睛和鼻尖，簡直像是由雪做成的。他很高，也很漂亮，算是我見過的馬中最漂亮的。關鍵是，他還是活的！

一匹高頭大馬突然出現在我媽媽窄小的辦公室裏，這

怎麼都沒法解釋。就在我感到驚訝的時候，聽到一個似乎很遙遠的聲音傳來：「他跑到哪兒去了？」

這聲音很輕，感覺很不真實，我都沒法確定我是不是真的聽到了。但是，無論如何，那匹馬就在我眼前，他的鼻子都快貼上我的鼻尖了。

「你⋯⋯是誰？」我問。

白馬打了個響鼻，噴了我一臉的鼻涕。說實話，我沒指望得到他的回答，他只是一匹馬，不回答是正常的。

我坐到桌子上，一邊用餐巾紙擦臉，一邊盯着白馬開始思考。現在面臨的問題是，我該拿他怎麼辦？我伸出手，小心地摸了摸他頭上的鬃毛，好光滑，還散發着好聞的、類似花香的味道，一點兒馬臭味都沒有。對了，他不會在屋子裏拉屎吧？我曾經見過那些在街頭拉着車賣水果的馬，都是隨地大小便的。要是這樣可就麻煩了。

「天啊，一匹馬，我媽看見肯定要嚇一跳⋯⋯」我自言自語道。

話音未落，屋子裏的空氣似乎已發生了變化，我周圍的空氣突然有了像海浪一樣蕩開的感覺。我能感受到空氣中產生的波紋，猶如風吹過水面。

眨眼間，又一匹馬出現在我面前。這次是一匹純黑色的馬，和剛才那匹白馬一樣漂亮，渾身漆黑，幾乎連一絲

雜毛也沒有。

小小的屋子裏，突然擠進來了兩匹高頭大馬，這也太誇張了！

然而事情還沒完。

就在我試圖想把這兩匹馬弄出去的時候，屋裏又出現了第三匹馬——一匹顏色火紅的馬。

很快，第四匹馬也出現了，是少見的青紫色，我從沒見過這種顏色的馬。

緊接着，第五匹、第六匹、第七匹、第八匹馬幾乎同時出現，他們分別是灰白色、鵝黃色、青黃色和擁有黑色鬃毛、黑色馬尾的紅馬。

不過幾分鐘的時間，我媽媽狹小的辦公室裏居然擠進來了八匹大馬！

我簡直不敢相信自己的眼睛，這怎麼可能？我媽媽的辦公室絕對放不下八匹馬，這裏的空地連站兩匹馬都費勁。

可是現在，八匹馬整齊地站在我面前，沒有碰倒桌子、椅子、牀等任何家具。這是怎麼做到的？

一時間，我覺得一定是自己眼花了。

正在這時，那匹灰白色的馬說話了：「喂！你不是南極仙翁，你是誰？」

一種不好的預感湧上我的心頭：馬會說話，保不齊就

還有更奇怪的事情會發生。

「我是李小雨。」我大聲回答,「你們是誰?怎麼會出現在這兒?」

「你不認識我們?」灰白色的馬有點兒意外,他眨眨眼睛說,「我叫山子,白色那位叫白義,紅色那位叫赤驥,黑色那位叫盜驪,青紫色的叫踰輪,鵝黃色的叫渠黃,青黃色的叫綠耳,長着黑色鬃毛的紅馬叫驊騮。」

「山子、白義、赤……甚麼來着?」

灰白馬不耐煩地看着我說:「赤驥。我看你是記不全我們的名字的,即便現在勉強記住,估計過一會兒也忘了,所以,你就叫我們『八駿』好了。」

「八駿?」我撓撓頭,怎麼聽起來那麼耳熟?

「啊!」我想起來了,「你們是郎世寧畫的《八駿圖》裏面的『八駿』,對不對?」

郎世寧是清朝最有名的宮廷畫家,但他不是中國人,而是一個長着金色頭髮和藍色眼睛的意大利人。康熙時期,郎世寧來到中國,其畫作受到康熙皇帝的賞識。乾隆時期,他奉命參加圓明園歐洲式樣建築物的設計工作。

郎世寧的畫很特別,是用油畫材料畫的中國畫。他的畫作《八駿圖》裏的每匹馬都像活的一樣,在故宮展出的時候,我蹲在旁邊看了好久。

「郎世寧是誰？」灰白馬問。

「一個畫家。」

灰白馬搖搖頭說：「我們不屬於這個叫郎世寧的人。事實上，我們屬於周穆王，他去崑崙山拜見西王母的時候乘坐的就是我們拉的車。」

「我知道這個故事，《八駿圖》的解說裏提到了。」我接過話，「那裏面把你們說得可厲害了。說你們都是神馬，不過名字和你說的不太一樣。那裏說，你們中的一匹叫絕地，因為他的馬蹄從來不落地；一匹叫翻羽，他可以跑得比天上的飛鳥還快；一匹叫奔霄，他一夜可以跑一萬里路；一匹叫超影，他喜歡追逐着太陽奔跑；一匹叫踰輝，他的皮毛比陽光還要閃耀；一匹叫超光，他奔跑的速度據說可以超過光速；還有一匹叫騰霧，他可以駕着雲霧飛奔；最後一匹叫挾翼，他長着一對肉乎乎的翅膀。」

灰白馬得意地笑了笑說：「你說的這些名字，是人類以我們的速度為我們取的名字。而我們更喜歡他們按照顏色為我們取的名字。你說的那些名字實在太招搖了，我們比較喜歡低調的生活。」

「原來是這樣啊。」我點點頭，「那麼，你們來這裏幹甚麼？」

灰白馬回答：「周穆王死後，我們被西王母帶到了崑崙

山。那真是個好地方，草的味道特別鮮美。」舔了下嘴脣後，他接着說，「但西王母並不喜歡旅遊，所以我們經常被她借給她的朋友，比如，這次借給了南極仙翁⋯⋯」

「南極仙翁？他在故宮裏嗎？他就在我媽媽的辦公室裏？」我瞪大眼睛四處尋找。

灰白馬晃了晃腦袋，說：「不，南極仙翁應該不在這裏。我想我們是找錯地方了。即便是西王母，法術也有出錯的時候。看來，她把我們送錯地方了。」

「哦，那我是不是要和你們道別了？」我迫不及待地去開門。

雖然我也想和他們多聊一會兒，但一想到媽媽回來看到這八匹馬時可能出現的表情，我覺得還是讓他們越早離開越好。

「等等，你先別着急開門。」灰白馬慢悠悠地說，「我們現在還不能離開。」

我瞪大眼睛問：「為甚麼？」

「我們雖然跑得快，但並沒有空間穿越的法術。所以，我們必須在這裏等，直到西王母發現自己的錯誤後，再把我們變回去。」他回答。

一聽這話，我皺起了眉頭：「你們要在這裏待多久？」

「這可不好說。」灰白馬一副無所謂的樣子，「沒準兒

很快，但如果西王母正好手頭上有別的事⋯⋯」

我的天啊！

這要是被我媽看見了⋯⋯我的腦門開始冒汗。

「沒有其他辦法嗎？擠在這麼小的屋子裏，你們也不舒服吧？」我問身邊的駿馬們。

除了灰白馬外，其他的七匹馬異常安靜。

「你問也沒用，他們都不會說人類的語言。」灰白馬說，「我們每匹馬的分工都不一樣。比如盜驪，他的方向感很強，就負責引路。你只要把要去的地方告訴他，我們就絕不會走錯地方。還有白義，他很敏感，負責偵察哪裏有危險。而我，語言能力還不錯，這在馬中很少見，所以我負責和神仙、人類交流。」

「你們不是跑得很快嗎？還會騰雲駕霧，你們跑回崑崙山的話應該用不了多長時間吧？」我急得滿頭大汗。

「以我們的速度是用不了多久，用人類的時間計算的話，也就需要半天吧。」灰白馬說，「但是，我們不能走。就算我們跑得再快，作為馬我們也要聽從主人的命令。主人把我們送到哪兒，我們就要待在哪兒，除非主人改變主意。」

我深吸一口氣，重重地倒在沙發上。

看來，除了向西王母祈禱以外，我沒有別的辦法能把

他們弄出這間屋子了。

「你這裏……真破，連棵草都沒有。」灰白馬無聊地打量着我媽媽的辦公室。

「我知道你已經習慣了西王母的宮殿。」我沒好氣地說，「但這裏只是人類的一間破舊的辦公室。」

「可不是，崑崙山所有的地方都閃閃發光，到處都是珍禽異獸和肥美的青草。」灰白馬無比懷念地說，「我們喝的都是雪山頂上流下的山泉。」

「反差太大了，我們喝的都是被污染的自來水。你應該想辦法儘快回到那個閃閃發光的地方去。」我催促他。

「我做不到。」灰白馬無力地搖搖頭說，「不過既然我們已經待在這裏了，不如趁這個機會和你聊聊天，我們很久沒有回到人間了。」

他說完這句話，其他的馬都紛紛點頭。原來他們聽得懂我們說話，我還以為他們都只懂馬語呢。

「聊甚麼呢？」我歎了口氣。

「告訴我們一些你的事吧。」他說。

「我是個小學生，我媽媽在故宮工作，就這些。」

說實話，我現在沒甚麼心情和他們聊天，我一直盯着房門，滿腦子想的都是如果媽媽這時候進來我該怎麼解釋。

「小學生？啊，我知道。我們上次來人間大概是 20 多

75

年前。當然，這個是指你們人類的時間。那時候，你們的學校就已經分為小學、中學、大學甚麼的了。」灰白馬說，「你面前放的那個菜板一樣的東西是你的作業嗎？」

「菜板？」我看了看桌子上的平板電腦，這匹馬居然叫它菜板！

「這不是菜板，這叫平板電腦。」我回答說，「它的用處很多……嗯，你說得沒錯，我是用它做作業。」

我撒了個小謊，因為我不知道一會兒我媽回來後，這匹多嘴的馬會對她說甚麼。

灰白馬說：「可是，你們的作業就是看動畫片嗎？」

「你是怎麼知道的？」我嚇了一跳，平板電腦明明已經扣過來了啊。

「哦，是盜驪告訴我的。我沒和你說過他的眼睛有透視能力嗎？」

我不相信地瞇起眼睛，「可是我並沒有聽見你們說話？」

「我們之間的溝通用不着說話，都是用心靈感應的。如果在奔跑中說話，會喝一肚子風，還是心靈感應比較方便。」灰白馬微微一笑，「你知道甚麼叫心靈感應吧？」

「聽說過。」我盯着那匹純黑色的馬，生氣地說：「我不喜歡你偷看我的隱私！」

黑馬裝出一副糊塗的樣子，眼睛看向別的方向。

「少壯不努力，老大徒傷悲。」灰白馬搖着頭說。

「這好像不是一匹馬該說的話。」我不客氣地說。

灰白馬一點兒也不在意我的態度，他接着說：「綠耳問，能不能把你書包裏的水蜜桃送給他吃？他餓壞了。」

「他是怎麼知道我書包裏有水蜜桃的？」

「綠耳的鼻子特別靈，不要說你的書包裏，只要他想，幾千米以外的味道他都能聞到。」

我磨磨蹭蹭地從書包裏拿出水蜜桃，遞給那匹青黃色的馬。他一口就把桃子吞了下去，咀嚼了幾下後，一顆桃核兒被吐了出來。

「我的夥伴們問，現在你有沒有需要我們幫助的事情。反正閒着也是閒着。」灰白馬問。

我現在只希望你們趕緊離開，我心裏想。

「離開是不可能的，我剛才也和你解釋過了。」灰白馬說。

「天啊！你知道我在想甚麼？」我嚇得臉都白了。

「不是我，是渠黃告訴我的。他會讀心術。」

我盯着那匹黃馬，這太可怕了，虧他長得那麼漂亮，居然窺探別人的想法。

灰白馬又說話了：「渠黃讓我告訴你，在行進過程中，知道主人的想法是十分重要的，所以這不叫甚麼窺視。」

我捂住嘴巴，腦袋裏一片混亂。現在我一點兒也不覺得和這八匹大馬聊天是件有意思的事情了，我唯一可以做的就是祈禱：大慈大悲的西王母啊，趕緊把你的寶貝駿馬們帶走吧！

「喂，你桌子右邊那個長方形的東西是甚麼？」灰白馬又提問了。

「那是手機。」我面無表情地回答。

「幹嗎用的？」

「打電話、上網、發信息，裏面還有各種軟件，它們分別有不同的功能。」我真怕他接着問我軟件是甚麼。

還好他沒有問，只是說：「能給我看看嗎？」

我不太情願地把手機拿到他面前，他用鼻尖碰了碰屏幕。

「有點兒意思。」灰白馬的聲音突然變細了，「喂！媽媽嗎？我的作業還沒做，一直在看動畫片。」

我一把把手機搶了回來，看着手機屏幕，我簡直不敢相信自己的眼睛和耳朵。

那匹馬剛剛居然撥通了我媽的電話，而剛才，他說話的聲音，明明就是我的聲音！

我慌慌張張地掛斷電話，這下死定了！我媽回來一定會罵我的。

「你幹的好事！」我狠狠地盯着眼前的大馬，現在你要是問我還覺得他漂亮嗎，我會堅決地搖頭。

「我只是想督促你學習……」

「你怎麼能模仿我的聲音？」我氣得發抖。

「我想我忘了說了，我除了有點兒語言天賦，還擅長模仿任何……」

沒等他說完，空氣中又出現了波紋。

「呼！」

純黑色的馬不見了。

「呼！呼！」

白色的馬和鵝黃色的馬不見了。

「呼！呼！呼！呼！」

紅色的馬、青黃色的馬、青紫色的馬、黑色鬃毛的紅馬都不見了。

現在只剩下灰白色的馬還站在我面前。

他還在不停地說話：「你能不能告訴我這裏的地址，和你聊天還挺有意思的，下次……」

「呼！」

終於，灰白色的馬也消失了。

我鬆了口氣。我是絕對不會告訴他的，我再也不想見到「八駿」了！

｜故宮小百科｜

郎世寧與《八駿圖》：郎世寧原名朱塞佩‧伽斯底里奧內（Giuseppe Castiglione，1688－1766），他是天主教耶穌會的意大利傳教士，在中國擔任康、雍、乾三朝的宮廷畫家。郎世寧還擔任過圓明園的建築設計師，他繪製的畫作中西合璧，風格獨樹一幟，產生出了著名的海西畫派。郎世寧畫作的內容包括了動植物、宮廷人物肖像，以及朝廷典禮等重大場面的記錄。故宮博物院所收藏的郎世寧《八駿圖》，又名《郊原牧馬圖》卷，橫1.66米，寬約51厘米，絹本設色，八匹駿馬在郊野活動，形象活靈活現，體現出了西方寫實的繪畫技法。

在古人眼中，千里馬等同於難得的人才，「千金買馬骨」這個典故即用來說明帝王求賢若渴的態度。郎世寧以周穆王曾經駕馭過的八匹駿馬為題材，亦有彰顯皇家威嚴，讚美皇帝禮賢下士、招募人才的意思。

6
隱形天台

　　我媽媽不是一個善於收拾整理的人。雖然她能把自己管理的文物倉庫整理得井井有條，但是家裏和辦公室裏卻是一團糟。

　　拿辦公室來說，裏面有一個大抽屜，抽屜裏至少有上百種東西：螺絲刀、橡皮、膠帶、只剩一點兒電量的電池、半管藥膏、一隻手套……每當我要找點甚麼的時候，媽媽總會讓我去那個抽屜裏找，但我很少能在這些東西中找到自己想要的。還有書架，也許叫雜貨架更合適。那上面只有一半的空間是放書的，剩下的地方放着花瓶、相框、明信片、維生素片、水彩顏料、拼圖、沒有燈泡的手

電筒……

　　雖然我經常住在這間辦公室裏，但是我卻從沒有弄清楚這裏面都有些甚麼。媽媽經常會像變戲法一樣拿出一瓶過期的罐頭或者稀奇古怪的外國紀念品。

　　所以，在這個無聊的、炎熱的週六傍晚，當有人在門外問「能不能把你的藍油漆借給我」的時候，我竟然不知道該回答「行」還是「不行」。

　　「是誰啊？」我隔着門問。

　　「能不能把你的藍油漆借給我？」還是那句問話。

　　「我這裏又不是超市，怎麼會有那種東西？」我一邊嘟囔，一邊打開門。

　　「龍大人！您怎麼來了？」一開門，我就被嚇了一跳。

　　門外，一條只有野貓大小的金龍正抬頭望着我。

　　我早就聽說過，龍可以隨意變化身體的大小，他可以變得比蚊子還小，也可以變得比高山還大。但是，親眼看到變小後的龍，我這的的確確是第一次。

　　更稀奇的是，他居然親自跑來找我！要知道，龍的懶散在故宮裏是出了名的，今天他一定是有重要的事。

　　「龍大人，難道是出甚麼事了嗎？」我蹲下來，壓低聲音問。

　　「我不是龍。」小金龍不太高興地說。

「不是龍？」我不相信地眨着眼睛，「難道，你是龍⋯⋯寶寶？」

　　「我承認我和父親大人長得很像，但我有自己的名字。」小金龍翻了個白眼，然後伸出爪子說，「初次見面，我是蚍蛨。」

　　我輕輕握了握他的爪子。

　　在故宮裏總是這樣，每當你認為自己已經認識了所有怪獸的時候，就會有新的怪獸冒出來。

　　「你好，蚍蛨，這麼說你是龍的兒子？你的名字也是龍大人取的嗎？他怎麼會取這麼奇怪的名字？」

　　「我的父親大人從來沒打算給我們取名字，所有龍子的名字都是你們人類送給我們的。」蚍蛨回答。

　　「我們人類也真夠無聊的。」

　　「雖然無聊，但實際上名字很好用。」他說，「在我的兄弟們中，有幾個長相都非常像父親大人，要不是有名字，很多人都沒辦法區分我們。所以，我很喜歡人類給我的名字。」

　　「你現在的樣子就是你的實際大小嗎？」我很好奇。

　　「是的，我生來就這麼大。」

　　「還能變小，或者變大嗎？」

　　他搖搖頭：「我沒有變化大小的能力。」

「你是我見過的最小的怪獸。」

蚯蚓挑起了眉毛：「個頭兒小不代表我的本領小！」

我趕緊點頭：「當然，當然，我沒有小看你的意思。」

「好了，你問的問題我都回答了，現在可以借給我藍油漆了吧？」蚯蚓有點兒不耐煩了。

「可是我並沒有藍油漆……」在這間屋子裏，我從來沒看到過油漆桶之類的東西。

「我說你有，你就一定有。」蚯蚓肯定地說，「你好好找一找，我午夜的時候再來拿。」

說完，他轉過身，甩着尾巴跑了。

「喂……」

我撓着頭努力想了想，故宮裏很少用藍色，媽媽的辦公室裏怎麼可能有藍油漆呢？但既然蚯蚓這樣確定，我決定仔細找找看。

開始找東西後我才發現，媽媽的辦公室真是一團糟！沒用的物品塞滿了屋子裏的各個角落：從自行車上掉下來的自行車腳蹬、碎了的茶壺的壺把兒、我兩歲時的玩具、打印錯的文件……我一邊找油漆，一邊把這些東西都扔進垃圾袋。在我剛剛扔掉第三袋垃圾的時候，媽媽回來了。

「哇！你居然在收拾房間！」媽媽吃驚極了，「我的女兒真是長大了！」

我擦了一下臉上的灰塵，問：「媽，你這兒有油漆嗎，藍色的？」

「藍色的油漆？」媽媽稍加思索說，「好像還真有。」

我「騰」地站直身體：「放在哪裏了？」

「如果我沒記錯，應該放在牀底下了。」

她繞過桌子，趴在牀底下掏了半天。

「啊！找到了！」說着，她從牀底下拿出一罐小小的藍色油漆桶，「就是這個，上次本來想把院子裏的長椅刷成漂亮的天藍色，結果一犯懶就忘了，連油漆桶都沒打開。」

「你還真有這種東西啊！」我感歎道，「而且居然放在牀底下。」

「就是因為放在牀底下，才一直沒想起來用。」媽媽呃着嘴說，「這樣放着有點兒浪費，刷點甚麼好呢？」

我一把拿過油漆桶：「把它給我吧，就算是對我整理房間的獎勵。」

「你有想刷的東西？」媽媽問。

我點點頭。

「那就送給你吧。」她笑着拍了拍手上的灰。

半夜的時候，蚓蛥真的來了。他敲了敲房間的玻璃窗，我趕緊拿着油漆桶走到院子裏。

「找到了吧？」蚓蛥微微一笑。

「你怎麼知道這屋子裏有藍油漆的？」我問。

「你知道我住在哪兒嗎？」他反問。

「不知道。」

「我住在高塔的頂端或者白玉柱頭之上，站得高就看得遠，何況我們蚍蜉的眼睛可以穿透一切物體，所以沒有甚麼我找不到的東西。」他得意地說。

「哇！你的眼睛居然有透視功能。」我讚歎道，「我還以為只有超人的眼睛可以透視。」

「超人是誰？」

「一位從外星球來的超級英雄，算是外星人。」

蚍蜉感歎：「有機會真想見見他。」

「這恐怕不太容易，他住在美國，離我們這邊還挺遠的。」我說，「不過，你要藍油漆幹甚麼呢？」

「我在做一個天台，想塗上天藍色。故宮裏紅色的、金色的油漆到處可見，卻很少有藍色的油漆。我找了很久，才在你這裏找到。」

「你做的天台是在故宮裏嗎？」

「當然在故宮裏。」蚍蜉回答。

「能不能帶我去看看？」我來了興趣。

「你要去看也可以，不過要幫我一起刷油漆。」

「沒問題。」

蚯蚓帶着我走進寧壽宮，繞過養性殿，來到暢音閣。暢音閣是故宮裏最大、最高的一座戲台。

來這裏做甚麼呢？我有點納悶兒。

「跟我來。」

蚯蚓一下子鑽進了戲台下面的地井。我也緊跟着他鑽了進去。

「你是不是走錯路了？暢音閣的樓梯在那邊。」我追着他問。

「走樓梯多麻煩。」他回答。

我仰頭看着直通三樓的天井，問：「這怎麼上去啊？我又不會飛。」

「飛一次試試看！」

「怎麼可能……」

沒等我說完，蚯蚓就在我腰上纏了一條保護帶，勒得我都喘不過氣來。

「你要幹嗎？」

話音未落，我的身體又被繫上了一條粗粗的纜繩。

「準備好了嗎？」他問。

「準備好甚麼？」我一臉莫名其妙。

「飛啊！」

「怎麼飛？」

「就這樣！」

他在繩子的一端猛地一用力，我就真的「飛」了起來。

怎麼說呢？就像拍電影時武打演員們「吊威亞」一樣，我一下子就被繩子拽到半空中。這真的很快，比爬樓梯快多了，但我感覺有點兒想吐。

我搖搖晃晃地飛落到三樓後，慢慢解下自己身上的保護帶。蚯蚓也跟着跳了上來。

「飛的感覺怎麼樣？」他問。

「這不叫飛，這叫坐過山車。」我不高興地說，「暢音閣怎麼會有這種『威亞』一樣的東西？」

「滑輪吊索可以讓戲曲演員們在二樓、三樓來回翻飛，扮演神仙。」蚯蚓回答。

原來是這樣！

「你的天台就在這裏嗎？」我問。

「當然不是，跟我來吧！」

蚯蚓走出福台，繞到三樓戲台後面。

「看！在那兒！」他指着天空。

我抬頭往上看，墨藍色的夜空中，有一排窄小的白色樓梯，一直通到很高很高的半空中，隱隱約約可以看見在那裏有一個長方形的小小天台。

「好高啊！」我倒吸了一口涼氣。

「那當然了，為嘲風建造的天台，一定要高才行啊！」蚣蝮高興地說。

「哦？」我大吃一驚，「這個天台是為嘲風建造的？」

「是的，最近嘲風遇到了一些傷心事，我想做一個漂亮的天台讓他高興起來。」他回答，「誰讓我們是朋友呢！」

我更吃驚了：「嘲風居然還有朋友？」要知道，怪獸嘲風的傲慢和孤僻在故宮裏可是出了名的。

「那傢伙表面上看着傲氣，不愛理人，其實內心很善良。」蚣蝮說，「我們都喜歡站在高處眺望遠方，喜歡在山尖冒險。有一次，我在崑崙山頂遇到了強大無比的氣流，還是嘲風救了我。所以這次，我就想給他做一個能看見崑崙山的天台，能吹呼呼的風……」

聽到這裏，我已經被蚣蝮的話完全吸引住了：「我們上去吧！」

蚣蝮領着我，邁上窄窄的台階，一層一層向上爬。我不敢往下看，只是默默數着一級級台階。爬上整整七十級台階後，我們就站在蚣蝮的天台上了。

這真是一個可愛的天台，上面放着好幾個雲朵做的大花盆，裏面開滿了雪白的薔薇花。薔薇的花枝纏在天台四周，像是天然的圍欄。

「就差塗顏色了！」

蚺蛥拍拍手，拿出油漆和刷子。不一會兒的工夫，用木頭做的天台就變成了漂亮的天藍色。

　　「真好看！」我忍不住讚歎，「不過，你這樣隨便在故宮上做了個天台，被院長發現了不會被拆掉嗎？」

　　「所以我才要把天台塗成和天空一樣的顏色。這樣，只有天黑的時候，天台才會露出來。而白天的時候，藍天下

的它就變成了隱形的。」

「真是好主意！」

這個天台可真高啊，彷彿伸手就能夠到星星和雲彩。遠遠望去，可以看到連綿的山脈和銀絲帶一樣的河流。涼爽的風從我的耳邊「呼呼」吹過，我的心好像「啪」地亮了，無法言說的喜悅讓我的心「咚咚」直跳。

「那裏就是崑崙山嗎？」我指着夜幕中最高的一座山說。

「沒錯，那就是崑崙山，嘲風出生的地方。」

「嘲風一定會喜歡這裏！」我深吸了一口氣說，「這真是一個好地方。」

「我也這麼想。」虯蚸痴迷地望着遠方，「也歡迎你常來啊。」

「下次我絕不用滑輪吊上來，我寧可自己一層一層地爬上來。」我說。

「下次我們飛去沙漠轉一圈吧！」

「天台還會飛？像飛機一樣？」我吃驚地問。

「還沒飛過，不過下次可以試試看。」虯蚸一副很有信心的樣子。

「不過，為甚麼要飛去沙漠呢？那裏那麼荒涼。」

「告訴你個小祕密。」雖然周圍一個人影都沒有，虯蚸

還是壓低了聲音，「我和嘲風有個共同的夢想，就是在沙漠中建一座比崑崙山還要高的塔，只有在沙漠，那座塔才可以永遠不被人類發現。」

「聽起來像通天塔。」

「這個名字不錯。」

「要是有一天，你們的夢想實現了，會帶我去看那座高塔嗎？」

「我會和嘲風商量的。」蚵蚗回答。

一陣風吹過，濃濃的花香撲面而來，我和蚵蚗都陶醉地閉上了眼睛。

第二天路過寧壽宮時，我故意繞到暢音閣的後面，想看看天台在白天時的模樣。正如同蚵蚗所說的那樣，湛藍的天空中，天台的影子或形狀都看不見。

我揉了好幾次眼睛，看到的都只是天空中薔薇花叢般的白雲。

真好啊，白天會隱形的天台！

我的臉上不由自主地露出了微笑 —— 看來，夜晚無聊時我又多了一個好去處。

故宮小百科

暢音閣：暢音閣位於內廷外東路寧壽宮後區，為清宮內廷演戲樓。乾隆三十七年（1772年）始建，四十一年（1776年）建成。現存建築為嘉慶年間改建後的規制。暢音閣共有三重簷，卷棚歇山式頂，覆綠琉璃瓦，黃琉璃瓦剪邊，一、二層簷覆黃琉璃瓦。平面呈凸字形。三層簷下從高至低依次懸掛「暢音閣」「導和怡泰」「壺天宣豫」三匾。閣內戲台有上中下三層，由上至下稱福、祿、壽台。台上設有可噴水的水井，可升降演員、道具的轆轤等機關，便於表演。

蚔蛥：古時傳說中一種龍形動物。明代陸容《菽園雜記》卷二記載：「蚔蛥，其形似龍而小，性好立險，故立於護朽上。」許多器物上也可以見到牠的形象。

7
小氣的龍大人

梨花病了。

那隻平時驕橫、喜歡熱鬧、想甩都甩不掉的故宮第一八卦貓，此時卻半閉着眼睛，四肢攤開，躺在珍寶館的角落裏。唯一能讓人看出她還是活物的，是她的前爪偶爾會顫抖一下。

她已經這樣躺了三天。

三天前，我拿着貓罐頭來珍寶館餵野貓時，發現總是搶在最前面的梨花沒有出現。我被小黑帶着走了半個珍寶館，才在一個角落裏發現了生病的梨花。

我把梨花抱到媽媽的辦公室，讓她趴在我的膝蓋上，

給她喂水，把她最喜歡的金槍魚味貓罐頭放在她的鼻子前，但她連眼皮都不抬一下。

梨花只有七歲，按照貓的平均壽命算，她還年輕力壯，遠沒到要老死的時候。我從沒想過可能會這麼早失去她——我最好的貓朋友，我幾乎把她當成親人了。

第三天的時候，我帶着梨花去了寵物醫院。

「帶她回去吧。」做完檢查後，穿白大褂的獸醫衝我搖着頭說，「是貓傳染性腹膜炎，目前還沒有針對這種病的特效藥。她最多還能活兩個星期。」

「別這樣，您總要做點甚麼吧？我不能看着梨花等死。」我懇求道。

「無論我做甚麼治療都只是增加她的痛苦。」獸醫回答，「你還是帶她回家，儘量讓她舒服一點兒，也許死前她會消失，貓總不願意死在家裏。」

「不！我不會讓她死！」我把梨花抱起來扭頭就走，「就算你沒辦法，其他人也會有辦法治好她。」

「如果你想讓她多活幾天，就不要再去別的醫院折騰她了。」獸醫在我背後說，並歎了口氣。

我知道他是個不錯的獸醫，之前故宮裏生病的野貓們、狼狗們都曾在他這裏看過病。他醫術很好，而且很有愛心。但是我仍然接受不了他判梨花死刑的事實。

我最終還是聽從了獸醫的勸告，沒有再去其他寵物醫院。我把梨花抱回故宮，這裏是她的家，也是個神奇的地方。我想試試看，會不會有奇跡發生。

　　我先找到了故宮裏年齡最大的野貓咪姥姥。她原本是只叫「咪咪」的野貓，但因為特別長壽，慢慢地，大家就都叫她「咪姥姥」了。永壽宮的管理員說她已經足足有二十歲，她自己則稱已經快三十歲了。

　　咪姥姥正在陽光下打盹兒，對我把她吵醒很不滿意。她看了看我懷裏的梨花，說：「野貓們生病，一般挺幾天就過去了。挺不過去的，就只能去找人類的醫生，如果連你們人類都沒辦法，我們野貓又能有甚麼辦法？除非……喵——」

　　「除非甚麼？」我趕緊問。

　　「沒甚麼，沒甚麼。喵——」她卻不往下說了，「那是不可能的。」

　　「到底是甚麼？你說了我才知道怎麼辦啊！」我急了。

　　「哎，你這丫頭怎麼死心眼兒呢？那就告訴你吧。喵——」咪姥姥壓低聲音說，「我還是一隻小貓的時候，曾經在宮廷史研究部的院子裏住過一陣子。那裏有一位老專家天天餵我吃的，還在下雨、下雪天的時候把我抱進辦公室和我聊天。他總是研究太醫、醫學甚麼的，我曾經聽

他說，很久以前有一位獸醫之神被供在太醫院裏，他不但能治好動物，連龍的病都能治……」

「獸醫之神？他有名字嗎？」我忍不住打斷她。

「叫……叫甚麼來着……喵──」咪姥姥緊皺着眉頭，說，「讓我想想，年齡大了，這記性就……對了！我想起來了，他叫馬師皇！沒錯，就是這個名字！喵──」她露出了微笑。

「馬師皇。」我默默跟着唸了一遍，「太謝謝你了，咪姥姥！」

我抱着梨花回到媽媽的辦公室，用坐墊和紙箱為她弄了個挺舒服的窩，在旁邊擺上水和食物。這期間她只睜開過一次眼睛，看了看我後，就又進入了半昏迷狀態。

漫長的下午已經過去，紅色的晚霞把故宮變成了漂亮的玫瑰色。我一口氣跑到失物招領處，找到楊永樂。「知道角端這時候在哪兒嗎？」我喘着粗氣問。

「你找角端幹甚麼？難道是因為梨花的病？」不愧是我的好朋友，楊永樂一下子就猜到了。

「是的。咪姥姥說，太醫院裏供奉的獸醫之神沒準兒可以治好梨花，可是我從沒聽說過故宮裏有太醫院，想去問問角端。」我說。

「你說得沒錯，太醫院的確不在故宮裏，它應該在地安

門外。」楊永樂說，「不過就算你找到那裏也沒用，我聽說那裏早就變成民宅了。以前供奉的甚麼藥神啊、獸醫之神啊，都不在了。」

我一下子跌坐在椅子上：「那……那獸醫之神到底去哪兒了呀？」

「這就要問角端了，畢竟他是個無所不知的大怪獸。」

「那還等甚麼？」我「騰」地站起來，「趕緊帶我去找角端。」

我們站在中和殿後面，直到月亮高高升起，才看見角端慢悠悠地走了出來。

「角端，你知道馬師皇在哪兒嗎？」我衝上去就問。

「馬師皇？你找他幹甚麼？」角端歪過頭來。

「我聽說他是獸醫之神，醫術非常高明，連龍的病都能治好。這是真的嗎？」

角端點點頭說：「還真有那麼回事。馬師皇本來是黃帝的馬醫，生病的馬到了他那兒很快就會痊癒。幾千年前龍大人曾經找他治病，他用藥針刺龍的下脣內側，還讓他服用了甘草湯，之後龍的病就真的好了。從此，怪獸們如果生病了也會去找他。」

「這麼說，你也找過他治病了？」我高興地說，「那你一定知道他在哪兒！」

「我雖然沒找過他治病，但我的確知道他在哪兒。」角端回答。

「在哪兒？」

「就在故宮裏。」角端說，「明朝時，皇帝下令在太醫院供奉馬師皇，後來這個習慣被清朝的太醫院延續了下來。但清朝滅亡後，太醫院成了普通民宅，於是『仙醫廟』裏的那些醫仙們的銅像就全被搬到了故宮的倉庫裏，馬師皇也跟着過來了。」

「太好了！我這就去倉庫找他。」

「等等！」角端叫住我，「有件事你必須知道，馬師皇雖然醫術高明，卻很財迷。」

「他會要錢？」我想了想說，「沒關係，只要他能治好梨花，我會想辦法湊錢給他。」

我和楊永樂跑到宮廷部的藥材藥具庫，和醫學相關的文物一般都收藏在這裏。野貓七七正在逗弄一隻小老鼠，看到我們後就一路小跑地迎了過來。

「李小雨？楊永樂？少見啊。喵——」

「七七，你認識一位叫馬師皇的神仙嗎？」我問。

「你說馬老頭兒？他這時候一定在景山上採草藥呢。喵——」七七回答。

「謝謝了！」

我們一路穿過神武門，沿着山道爬上景山。夜霧中的景山，彩燈閃耀，比故宮的那些宮殿還要絢爛。剛剛爬了一半，我就發現一位白髮老人蹲在山坡上，手裏拿着一朵紫色的小花。

他會是傳說中的馬師皇嗎？為了避免認錯人，我輕聲問：「老爺爺，這麼晚了您在山上幹甚麼啊？」

老人沒回頭，舉着手裏的紫花說：「這月見草可是相當好的草藥，要是碰到那種皮膚發紅、血液凝固的馬，吃這種藥再好不過了。」

我忍住心裏的激動，問：「這麼聽來，您好像是一位經驗豐富的獸醫？」

「呵呵，獸醫？我可不是普通的獸醫。」老人驕傲地說，「我是獸醫之神。」

「我們可算找到您了，馬神醫！」我大聲說。

我的話把他嚇了一跳，馬師皇慢慢轉過頭，看着我們問：「你們在找我？」

「沒錯！」我一個勁兒點頭，「我想請您救救我的貓，她叫梨花，是故宮裏的野貓。」

「貓？」他滿臉嫌棄地說，「我可從沒治療過貓，我只為駿馬和神獸治病。」

「可是，對一名醫生來說，患者不應該分高低貴賤啊！」楊永樂忍不住插話。

馬師皇挑起眼角：「你說得好像很有道理。好吧，那我就破例一次。讓我治療一隻野貓也可以，但是，你們付得起診費嗎？」

「沒問題，只要您能治好梨花，我一定湊錢給您。」我滿口答應。

馬師皇冷笑一聲：「我的診費，可不是用你們現在的錢就能支付的，我的診費要用黃金來支付。」

「黃金？」我大吃一驚，然後放低聲音問，「您需要多少黃金呢？」

「最少也要一斤黃金。」馬師皇說，「等你們湊夠了診

費再來找我吧。到那時，我再為你們的貓治病。」

說完，他一轉身就不見了。

「這也太坑人了！簡直就是敲詐！」楊永樂大聲嚷嚷着，「一斤黃金？那得十多萬塊錢呢。」

沒錯，無論我想甚麼辦法，也不可能湊出一斤黃金的錢，我發愁地想。梨花毛茸茸的小臉浮現在我眼前，是她改變了我的生活，帶我闖進怪獸們的世界，我們一起探索故宮裏最神祕的地方，經歷了那麼多驚險又有趣的事，難道我只能放棄她了嗎？不！我不要！

我轉過身，朝山下跑去。

「你去哪兒？」楊永樂問。

「去找山寨先生！」

故宮內務府酒醋房的院子裏，山寨先生盡責地守着他的祕密酒窖。他是故宮裏最富有的野貓，一隻被財神看中的野貓，如果說故宮裏有動物能拿出這麼多金子，那肯定非山寨先生莫屬。

「一斤金子？喵——」山寨先生瞪大了眼睛。雖然有錢，但他不是個守財奴，只要故宮裏的動物有誰需要幫忙，他總會盡力幫助。

「對！你有嗎？」我問。

山寨先生想了想，轉身進了旁邊的小屋子，那裏有他

的小金庫。過了一會兒，他叼着一隻金酒杯走了出來。

他把酒杯放到我面前：「我這裏有珊瑚、珍珠、寶石、銀子，還有小魚乾、貓糧、臘肉、香腸……但是金子，只有這一點兒。」

我拿起酒杯，那是隻很小很小的酒杯，裏面頂多能裝一兩酒。不用稱我也知道，這個酒杯肯定沒有一斤重。

「如果你都沒有，哪裏還能找到那麼多的金子呢？」這下，我可更發愁了。

「還有個地方。」山寨先生說，「龍大人那裏！他可是故宮裏最富有的怪獸。」

山寨先生說得沒錯，龍是很富有，但是他在故宮裏也是出了名的小氣。因此，即使提到他，我的愁眉也並沒有得到一絲舒展。

「以龍的個性，他應該不會給我們那麼多黃金。」楊永樂說，「不過，我們可以向他借。等我們長大工作了，再還給他。」

我一拍腦門：「你說得對，我們這就去找龍借黃金。」

龍正在雨花閣上喝酒，我們沒費甚麼力氣就找到了他。

「龍大人！」我恭恭敬敬地站在雨花閣下問，「您能借給我一斤黃金嗎？獸醫之神馬師皇說，只有拿出那麼多的黃金，才能幫我救梨花。」

「那老頭兒是這麼說的？」龍瞇起了眼睛。

我點點頭說：「您借給我的黃金，等我長大掙錢後，一定會如數還給您。」

「我沒有那麼多黃金借給你。」龍不耐煩地擺擺尾巴，「再說，那隻八卦貓要是死了，正好省得她天天煩我。」

「龍大人！您是怪獸中的王者，誰不知道您富得流油？」我生氣地說，「用一斤黃金就能換回一條命，這種時候您還那麼小氣嗎？」

「對！我就是這麼小氣。」龍不在乎地說，「我不願意用一斤黃金去換一隻野貓的命。」

我被激怒了，大叫道：「野貓的命和怪獸的命、人的命有甚麼不同嗎？雖然誰都知道，您膽小怕事，還小氣得要命，但我真沒想到，您還這麼殘忍和自私！您……您真不配做怪獸之王！好，我不向您借了，我自己去想辦法！」

說完，我扭頭就跑，無論楊永樂在身後怎麼叫我，我都沒有回頭。

我筋疲力盡地跑回媽媽的辦公室。梨花還在熟睡，旁邊的水少了一點兒，但食物卻一點兒沒動。我把她緊緊地摟在懷裏，倒在牀上絕望地睡去。一斤黃金，對我來說，真是太多太多了。

第二天，我急得像沒頭蒼蠅，仍沒能想出弄到一斤黃

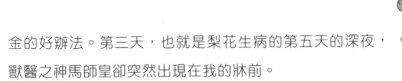

金的好辦法。第三天，也就是梨花生病的第五天的深夜，獸醫之神馬師皇卻突然出現在我的牀前。

「您……您怎麼來了？」我吃驚地從牀上坐起來，使勁揉了揉眼睛，這不是做夢吧？

「我是來給那隻野貓治病的。」他壓低聲音回答。

「可是，我還沒有湊到一斤黃金。」我小聲說。

「不用了。」他搖搖頭，「這次就算我發善心，不收任何診費了。」

「真的？」我不相信地看着眼前的獸醫之神，他似乎有點兒不對勁，臉色蒼白，手臂還在微微顫抖。

「別多說了，我就想趕緊結束這件事。」他一把抓起我身邊的梨花。梨花猛地睜開眼，無力地「喵」了一聲。

他仔細觀察了梨花的狀態後，把她重新放回牀上，然後拿出幾根細細的長針和一小包草藥。

「你去用開水把這些草藥泡開。」他把草藥包交給我。

我跳下牀，拿出熱水瓶和杯子，把草藥泡到杯子裏。這麼短的時間裏，馬師皇已經把梨花扎得像個刺蝟，渾身都是藥針。扎完針，他把草藥從杯子裏取出來，擠出汁液滴到梨花的嘴裏。吃完藥的梨花又陷入昏睡狀態。

馬師皇留了六包草藥給我：「像我剛才那樣，每天給她吃兩次藥。」

小氣的龍大人

「她真的能好嗎？」我不放心地盯着他。

「哼！還沒有我治不好的動物。」他甩甩袖子，就朝門口走去。

「太感謝您了！您真是位好醫生。」我感激地說。

聽到我這麼說，已經走到門口的馬師皇卻停住了。

他轉過身說：「對了！還有一件事。」

「甚麼事？您儘管說。」

「我不知道你和龍是甚麼關係，但能不能幫我轉告他，你的貓我已經治好了，讓他不要再來恐嚇我？」他緊皺着眉頭大聲說。

「恐嚇您？」我大吃一驚，「您是說，龍大人，他恐嚇您了？」

「可不是！那樣子太可怕了！」馬師皇瞪大眼睛說，「一晚上找我兩三次，說甚麼我不治病就要吞了我，讓我連神仙都做不成。我都被折磨得神經衰弱了。這個沒良心的傢伙，虧我還救過他的命……」

原來是這樣。我愣住了，怪不得這個財迷的神醫會不要一分錢為梨花治病。

至於龍，我真是錯怪他了。雖然他還是那個小氣、怕事的龍大人，但他也是善良、嘴硬心軟的龍大人。

獸醫之神馬師皇沒有吹牛，梨花吃過六包草藥後，真

的就恢復得和以前一樣，又活蹦亂跳起來了。

　　而我要做的，就是找到龍大人，表達自己最真誠的歉意和感謝。

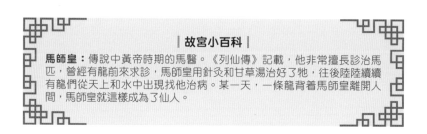

8
公主花

　　不知不覺間，天氣熱了起來，陽光開始變得刺眼，夏天來了。

　　我背着書包滿頭大汗地在故宮裏跑，臉被曬得通紅。不知道為甚麼，楊永樂今天非要約我在長春宮見面，從東華門到西邊的長春宮，有好長一段路呢。

　　長春宮有甚麼好玩的？我有點納悶兒。那是我很少去的宮殿，只記得影壁上的琉璃花很美。

　　繞過體元殿後，突然，我的眼前出現一片特別耀眼的紅色，在這紅色面前，連刺眼的陽光都顯得柔和了。

　　「咦？」我停下腳步，仔細端詳起來。

啊，半空中不是往常見慣了的松樹、柏樹，而是一片紅雲一樣的花朵，高高地懸在宮牆之上。

　　長春宮甚麼時候開了這麼多花？

　　這時候，我身後突然傳來了楊永樂的聲音：「你可來了，真慢！」

　　我轉過頭問他：「你知道這是甚麼花嗎？怎麼都爬到牆頭上去了？」

　　「這——你都不認識？」楊永樂故意拖着長腔說，「這是凌霄花啊。」

　　「凌霄花？」我扶起一朵從牆頭垂下來的花。花朵有點兒像喇叭，那鮮紅的花瓣彷彿在燃燒。

　　「『滿地凌霄花不掃，我來六月聽鳴蟬。』陸游的詩，你沒讀過？」楊永樂開始在一旁賣弄了。

　　「你讓我來長春宮，就是為了看凌霄花嗎？」

　　「是……也不是……」

　　楊永樂這傢伙，最喜歡賣關子。我翻了個白眼，轉身要走。楊永樂急忙一跳，擋在我面前。

　　「喂！這就生氣了？」他皺着眉頭說，「好、好，我告訴你還不成。」

　　接着，他突然壓低聲音，神神祕祕地說：「這些凌霄花裏藏着魔法。」

公主花

「魔法？這些花嗎？」我吃了一驚，「甚麼魔法？」

「我還不太清楚……」楊永樂吞吞吐吐地說。

這回我真生氣了，這傢伙是在逗我玩嗎？我一甩手，扭頭就走。

「別……別着急啊！」楊永樂追過來，「我沒騙你，我親眼看到的！」

我停下腳步，問：「你看到甚麼了？」

「昨天晚上，我看到一羣老鼠爬上牆頭，摘了凌霄花戴到頭上，戴了花的老鼠突然像人一樣開始用兩條腿走路，還唱着一首很奇怪的歌。」

老鼠用兩條腿走路，還唱歌？這真是聞所未聞。

「然後呢？」

「唱完歌，老鼠們就恢復正常，高高興興地跑了。」楊永樂說，「我覺得，這凌霄花裏一定藏了甚麼魔法。」

「那你怎麼不試試？」

「我試了！」楊永樂大聲說，「戴在頭上，夾在耳朵上，叼在嘴裏，連頂在腦門上我都試了，可是甚麼事都沒有發生。」

我歎了口氣說：「巫師，我覺得是你想多了，也許老鼠們正在舉辦化裝舞會，和這些花無關。」

「不對！不對！」楊永樂有點兒着急，「今天早上，『奶油』也戴着凌霄花用兩條腿走路來着，她嘴裏哼的歌和昨天老鼠們哼的一樣。」

「奶油」是故宮裏最漂亮的小母貓，她渾身雪白，皮毛極其柔軟，摸起來像絲絨。昨天，梨花還專門跑來找我，說奶油要結婚了，想邀請我參加她的婚禮。奶油走起貓步來可優雅了，我從來沒見過她用兩條腿走路。

「那是怎麼回事呢？」我也開始奇怪了。

「我想了半天，覺得只有一種可能。」楊永樂說，「也許凌霄花的魔法，只對女性有效，所以我把你叫過來，就想做個實驗。」

原來是想叫我做實驗啊！這還不簡單！

我摘下一朵凌霄花，突然覺得有點兒難為情，這紅色太鮮豔了。上次往頭上戴花是甚麼時候的事了？四歲？五歲？那時候我可喜歡把媽媽做的花環戴到頭上了。可是長大以後，就覺得這麼做很難為情。

我把凌霄花隨便往頭髮裏一插，反正這裏除了楊永樂也沒有別人，不會有人嘲笑我。

甚麼樣的感覺呢……

凌霄花淡淡的花香飄來，我突然覺得眼前有點兒模糊。

怎麼回事？難道是我近視了？為甚麼眼前模模糊糊的，甚麼都看不清楚了？

不知道過了多久，可能很久，也可能只是一瞬間。我的耳邊突然響起一個聲音：「你好啊，水仙花一樣的姑娘。」

咦？楊永樂的聲音怎麼變得細聲細氣的？

我吃驚地轉身一看，哪裏還有楊永樂的影子，面前站着的是一位身穿紅色旗袍、戴着金色頭飾的清朝公主。

「哇！楊永樂，你甚麼時候學會變身術的？」我尖叫起來，「太厲害了！真像一位格格，連聲音都變了。」

「楊……楊甚麼樂？」清朝公主莫名其妙地看着我。

「楊永樂你別裝了！」我拍了一下她的肩膀。好瘦弱的肩膀，楊永樂連身材都變了，難道是巫術嗎？

「可是，我並不認識甚麼楊永樂。」她說，「我是敦恪公主，是康熙皇帝的第十五個女兒。」

敦恪公主？我睜大眼睛上下打量，她很年輕，長得也美，正笑眯眯地看着我。那眼神……那眼神一點兒都不像楊永樂。我聽說過，無論怎麼變身，眼神都是不會變的。難道，她不是楊永樂變的？那楊永樂呢？

我往後退了一步，在故宮裏看到穿古裝的人可不是甚麼好事。

「公、公、公主，你，你怎麼會在這兒？」我的舌頭開始打結了。

敦恪公主笑了，說：「因為你戴了我的花啊，戴了這花的女孩就會看見我。你不知道嗎？」

我搖搖頭，摸摸頭上的凌霄花，問：「你為甚麼說這是你的花？」

「因為，這花是我變的。」敦恪公主回答。

「你？啊！」我太吃驚了，發出了尖叫。

敦恪公主點點頭。

「有三百年，還是四百年了呢？時間我總是算不準，因為從小到大就沒有學過數數。」她小聲說。

「你不是公主嗎？」

她微微一笑，說：「那時候，公主沒有老師，只有皇子

才有。何況，我的母妃死得早，我和姐姐就更沒人管了。」

她在長春宮的院子裏轉了一圈。

「小時候，我和姐姐溫恪公主就住在這個院子裏。」她指着旁邊一棟空蕩蕩的房子說，「我們和乳母就是在那間屋子裏生活的。哥哥是十三阿哥，在阿哥所長大，我們經常會偷偷跑去看他。」

她輕輕歎了口氣：「那時候我們得不到皇阿瑪寵愛，沒有甚麼依靠，有時候連太監都會欺負我們。但現在想想，和姐姐、哥哥生活在一起，雖然辛苦但是很幸福，不像後來……」

「後來怎麼了？」我追問。

「後來，姐姐出嫁了。緊接着，我也出嫁了……」她低下頭。

出嫁？出嫁怎麼會這麼悲傷呢？我看的童話故事裏，結尾都是公主與王子幸福地生活在一起。

「那多好啊，你是公主，不是嫁個王子就是嫁個大官，肯定誰也不敢欺負你了。」我說。

敦恪公主苦笑了一下，說：「我的確是嫁給了一位王子。那時我只有十八歲。他是蒙古科爾沁部落的王子，人很勇敢，武功也厲害，曾經立下了很多戰功。他是蒙古最英俊的王子，在我出嫁前，宮裏的姐妹們不知道有多羨慕

我呢，我也以為自己的幸福要來了。」

「多好啊！」我看着她的臉，「不過你的樣子好像並不快樂，難道他人品不好？是個壞人？」

她搖搖頭，說：「不，他很正直，也很忠誠。」

「那你還有甚麼不滿意的？」

「不滿意？怎麼會？」她微微一笑，「我很愛他。但是……他，卻不愛我呀。」

不對啊！王子怎麼能不喜歡公主呢？而且是眼前這麼漂亮的公主？童話故事裏，他們不都是一見鍾情的嗎？我過於吃驚，連聲音都發不出來了。

敦恪公主淒然地說：「他喜歡的不是我，很早以前他就有了愛人。但是，為了讓他的部落更加強大，他依然娶了我。沒想到，我的命運會這麼淒慘，在宮中得不到父母的寵愛，嫁人之後仍然得不到夫君的疼愛。那時候，姐姐和哥哥已經不在我身邊，姐姐遠嫁，哥哥因為廢太子的事情受牽連，失去了皇阿瑪的信任。我連個可以依靠的人都沒有，又孤獨，又寂寞，心灰意冷，不想再活下去了。」

好可憐啊，我心裏一酸。

「後來，我生病了，每天在牀上躺着，連坐起來的力氣都沒有。突然有一天，也就是這樣的夏日，風吹着樹葉唰唰地響，爬到我窗口的凌霄花齊聲說『變成花吧，陽光會

讓你暖和起來！」頓時，我的眼前變成了一片金色，我躺在那兒，昏昏沉沉地睡着了。等到我再睜開眼睛時，卻發現自己回到了長春宮的院子裏，小鳥正在我肩膀上叫，我的身體變得像花枝一樣柔軟，頭髮上散發出花香……我真的變成了凌霄花。」

我的眼淚湧了出來，怎麼會有這麼可憐的公主？

「別哭啊。」敦恪公主微笑着說，「和當公主的時候相比，我倒更喜歡變成花藤的日子呢。每天沐浴在陽光裏，心裏總是暖乎乎的，生前的那些愁苦，早就沒有了。那時候，我不過是一個沒有用的公主，但現在，我卻能幫到很多人，這是我當公主時想都不敢想的事！」

「你能幫助別人？」我有點納悶兒，變成凌霄花，哪裏都不能去，也不能動，怎麼幫助別人呢？

敦恪公主吃驚地看着我，說：「你不知道嗎？那你為甚麼會從我的花藤上摘凌霄花戴在頭上呢？」

「我只是聽說這花朵裏有魔法，想看看是不是真的。」我實話實說。

「是真的！」敦恪公主使勁點點頭，「我一開始也不知道自己居然會有魔法。直到一位長春宮的宮女將花藤上的花折下來，送給了出宮嫁人的姐姐。這個姐姐結婚那天把花插在水裏，水被染成了紅色，我發現自己忽然就出現

在她的面前。聽說她要結婚了，我便為她唱起了祝福的歌兒，那歌兒變成金光在她身上環繞了好久。後來，她的婚姻非常幸福。這件事傳開後，故宮裏很多年輕的女孩，甚至即將結婚的動物都會來我這裏折上一朵凌霄花戴到頭上。然後我就會出現，和她們一起唱祝福的歌兒，祝福她們得到真正的愛情。」

「是這樣啊！」我的臉一下子紅了，心「撲通、撲通」直跳，我可還沒想過嫁人呢。

「也許是因為我的命運太悲慘了，上天憐惜我，讓我變成了花，將自己沒來得及享用的福氣分給其他人。」敦恪公主開心地笑了，「現在，我們就開始為你的愛情祈禱吧……」說着，她就要唱起歌來。

「等等！」我紅着臉捂住了她的嘴，「都怪我，不知道緣由就來折了凌霄花。不過，現在離我結婚也太早了，能不能等我長大了再來找你，到時候再請你幫我祝福？」

敦恪公主「撲哧」一聲笑了，說：「好吧！那就等你長大些我們再唱歌吧！如果你哪天有了心愛的人，就在這個季節來長春宮找我。」

愛人……我的臉紅得像是火在燒。

「再見了……」

敦恪公主在一片閃耀的金光中慢慢消失了。這時，我

才發覺腿酸了，好像自己已經站了好久好久。

「喂，你怎麼了？」我突然聽到了楊永樂的聲音，「你走了那麼多圈，不累嗎？」

我睜開眼睛，看見楊永樂正滿眼疑惑地盯着我。

「我一直在走？」我剛才明明是站着和敦恪公主說話的啊！

「嗯，你一直在長春宮的院子裏繞圈兒走，走路的樣子和昨天那羣老鼠一模一樣。不過，倒是沒唱歌。」

怪不得我的腿這麼酸。

「到底發生甚麼事了？」楊永樂問。

我蹲下來，兩手撐住地面，把我剛才的經歷從頭到尾給他講了一遍。

「敦恪公主？是那位公主啊，我還看到過她的故事呢。」楊永樂說，「她在十八歲時被康熙皇帝封為和碩敦恪公主，那年的十二月嫁到了蒙古部落。可是沒過一年，她就去世了，死的時候還不到十九歲。她的姐姐溫恪公主也在那一年死於難產。但是誰都不知道敦恪公主是怎麼死的，原來她變成了凌霄花。」

「那你知道她的丈夫後來怎麼樣了嗎？」我很好奇，那個娶了敦恪公主卻不愛她的王子結局如何。

「你是說蒙古科爾沁部落的多爾濟王子啊，敦恪公主去

世後，他因為犯罪被剝奪了爵位，沒過多久也病死了。」

我歎了口氣，沒想到公主與王子在真實生活中的結局竟然這麼令人悲傷。

「那位敦恪公主有沒有保佑你的愛情呢？」楊永樂張開大嘴笑了起來。

「你、你……說甚麼呢？」我頓時臉紅得恨不得找個地縫兒鑽進去。

「你看，你戴着凌霄花就好像是個新娘子！」楊永樂嚷嚷着跑開了。

他這麼一說，我趕緊對着旁邊宮殿的玻璃窗照了照，然後，臉立刻就漲得發紫。因為，這花實在太紅了，真的就像電視裏的新娘子似的，我簡直要瘋了……

我把凌霄花從頭上扯下來，這種事還是等到真要嫁人時再做吧！

我慌裏慌張地朝四周看去。謝天謝地，除了漸漸跑遠的楊永樂，一個人也沒碰上，要不可羞死人了。可惡的楊永樂，居然敢嘲笑我，不是他讓我做實驗的嗎？

「楊永樂！你給我站住！」我朝他跑的方向追過去。

跑着跑着，我驀地想到，我一定還會見到美麗又善良的敦恪公主，在未來某一個長長的夏日黃昏。

故宮小百科

長春宮：長春宮屬於內廷西六宮，明永樂十八年（1420年）建成，明清兩代經過多次修整。咸豐九年（1859年）拆除長春宮的宮門長春門，並將啟祥宮後殿改為穿堂殿，咸豐帝題額曰「體元殿」。長春宮、啟祥宮兩宮院由此連通。

長春宮面闊五間。殿前左右設銅龜、銅鶴各一對。東配殿曰綏壽殿，西配殿曰承禧殿。長春宮南面有戲台，後殿名叫怡情書史，其東配殿為益壽齋，西配殿為樂志軒。

此宮是明清時期后妃的住所，乾隆皇帝的孝賢皇后曾居住長春宮。同治年至光緒十年（1884年），慈禧太后一直在此宮居住。

9
變成怪獸的魚

「喂！喂！你怎麼在這裏睡着了？」

我使勁推了推面前的怪獸。

就在剛才，我吃過晚飯，打算去箭亭後面看望狐狸一家，沒想到剛過了日精門，就看見一個大怪獸懶懶地趴在大銅缸裏睡覺。

路燈下，他的龍頭和魚尾露出了缸外，是吻獸嗎？我興奮地跑過去。咦？不對，這個怪獸雖然也是龍頭魚身，但多出了四隻烏龜腳，身上鱗片的顏色也和吻獸不一樣。他閉着眼睛，打着呼嚕，口水都從嘴角流出來了。吻獸睡覺的樣子比他優雅多了！

這是甚麼怪獸呢？我有點納悶兒。

但很快我就回過神來，無論甚麼怪獸，也不能睡在這麼顯眼的地方啊！要是故宮裏值班的叔叔、阿姨路過這裏，還不被嚇壞了？

這麼一想，我加了把勁又推了推他：「快醒醒啊！換個地方睡覺吧！」

過了半天，怪獸終於睜開了眼睛，他抬起頭，看着我發了好一會兒呆。

「你還好嗎？」我問。

他深吸了口氣，才開口說道：「原來是在做夢。」

「是的，你剛才睡着了，很可能還做了夢，但現在你必須離開這裏，值班的人吃完晚飯很可能會路過這裏。人類要是看見你就糟了，不是嗎？」我冷靜地說。

他奇怪地看着我問：「你不是人類嗎？」

「我？我當然是人類！」我有點兒臉紅，「不過我不一樣，故宮裏的怪獸我見得多了。」

「你見過我？」怪獸還是一副沒睡醒的樣子。

我搖搖頭，說：「咱倆應該是第一次見面，我叫李小雨，你應該聽其他怪獸說起過我……」

怪獸一臉茫然地說：「對不起，我想『李小雨』這個名字我今天才第一次聽到。」

如果現在有個地縫兒，我一定會鑽進去。不過，我很快鼓了鼓勁，紅着臉介紹自己：「好吧，我叫李小雨，我媽媽是故宮文物庫房裏的保管員。我和故宮裏的很多怪獸都是朋友。你叫甚麼名字？」

「我是鰲魚。」怪獸回答。

「你也是龍的兒子？」我從來沒聽說過鰲魚這種怪獸。

鰲魚搖搖頭說：「不，我不是。」

「但你的龍頭……」

「一般來說，擁有龍頭的怪獸都和龍有點兒關係，要麼是龍族中的一種，要麼就是龍的親戚。但我是個特例。」鰲魚回答，「我生下來的時候並不是你看到的這個樣子，是後來遇到了一些事情，才變成這副模樣的。」

「我不明白……」

我疑惑地看着他，後來變成的……難道他整容了？我只聽說過明星們會整容，難道怪獸也可以整容嗎？

鰲魚在大銅缸裏換了個姿勢，讓自己躺得更舒服一點兒。這個鍍金的銅缸在古時候相當於今天的滅火器，它裏面盛滿了水，隨時可以用來滅火。但是現在，它卻變成了鰲魚的温淋。

「我本來不是鰲魚，我出生的時候是條漂亮的鯉魚。」鰲魚舔了舔嘴脣說，「我在黃河裏出生，那還是在遠古

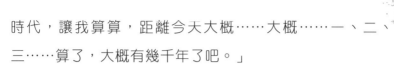

時代，讓我算算，距離今天大概⋯⋯大概⋯⋯一、二、三⋯⋯算了，大概有幾千年了吧。」

我瞪大了眼睛，問：「原來你是條⋯⋯鯉魚精？」

「不，不，不！那太低級了！」鰲魚不高興地搖着頭說，「看來你這孩子沒怎麼好好讀書，你聽說過『鯉魚躍龍門』的故事嗎？」

「我還沒上幼兒園的時候，奶奶就給我講過這個故事。」我睞着眼睛回答，這個怪獸真是小看人。

在中國，誰不知道「鯉魚躍龍門」的故事呢？黃河裏的一條紅鯉魚逆着水流游過洛水，又順着伊河來到龍門山前。他不怕危險，冒着雷電跳過龍門，落水的時候變成了一條巨龍。從此，黃河裏的鯉魚們受到鼓舞，都來嘗試躍過龍門山。但只有很少的鯉魚能跳過龍門化身為龍，而跳不過去的鯉魚則從空中摔下來，額頭上就會留下一個黑色的疤痕。直到今天，很多黃河鯉魚的額頭上還有黑疤。

「難道你就是跳過龍門的鯉魚？」我上下打量着鰲魚。

鰲魚甩了甩尾巴說：「我就說你沒好好讀書吧！跳過龍門的鯉魚都變成龍了，你看我現在是龍的樣子嗎？」

我搖搖頭，看起來他還真是像龍不是龍，像鯉魚不是鯉魚，像烏龜不是烏龜。

「那時候，只要是鯉魚都想去龍門試一試。當龍多威

風啊，能飛，會魔法，還不會死。雖說我們鯉魚的壽命和烏龜差不多，能活一二百年，但是畢竟天敵太多了，人會捉，鳥會吃，烏龜也會吃。龍多好啊，除了朝天吼，誰都不怕。」鰲魚深深歎了口氣，接着說，「所以，我一出生，就和兄弟姐妹們往龍門的方向出發了。那真是一段漫長的旅途，途中有很多兄弟姐妹離開，有的被天敵吃掉了，有的撞在了岩石上，還有的放棄了。我很幸運地到達了龍門山前，但是躍龍門哪有那麼容易？」

我認真地點點頭，問：「後來呢？」

「我花了一個月的時間積攢力氣。這很難，首先我不能太胖，因為身體太重的話跳不高。但我又必須吃大量的食物，才有足夠的力氣，為此我還冒險吃過捕魚人撒下的魚食。」他舔了舔嘴脣，似乎陷入了回憶，過了一會兒才接着說，「終於，我覺得我能夠跳過龍門了。那是一個大晴天，天上沒有雲彩，連風都沒有，對於跳龍門來說，沒有比這更適合的日子了。於是我使出全身的力氣，縱身一躍，一下子跳到半空。但就在這個時候，大片的烏雲湧來，夾帶着風和雨，最可怕的是還有閃電。我拚命地躲閃，但還是有一道閃電擊中了我。」

「你受傷了？」

鰲魚點點頭說：「我的額頭和尾巴被燒傷了。但是我沒

有放棄，仍然忍着疼痛向前飛躍，直到我覺得躍過龍門山了，才放鬆身體落到了湖水裏。」

「你成功了？」

但鰲魚的表情看起來一點兒也沒有成功的喜悅。

「不，並沒有。實際上，我落下的地方離龍門更遠了。」他平靜地說，「我跳錯了方向。」

「太可惜了。」我看着鰲魚，真心替他惋惜。

「是啊。這實在太丟人了。」他低下頭說，「閃電在我額頭上留下了黑色的疤痕。那段時間，我都躲在岩石縫的水窪裏，就怕遇到其他鯉魚，他們只要一看到我就知道我是個失敗者。直到我餓得受不了了，才在天黑後游回到湖水裏。那天晚上，月亮特別亮，我看到離我不遠的湖面上有個白色的亮點在漂。一開始我以為那是月亮的倒影，但游近了才發現那是個白色的球。我太餓了，一口就把那個球吞了下去。結果，沒過多久，我的肚子就開始像被火燒一樣地疼。我疼暈了過去。」

「那個球到底是甚麼？」我好奇地問。

「別着急，聽我慢慢給你講完。」鰲魚壓下了我的好奇心，接着說，「醒來的時候，我發現自己沉在水底。我知道我沒死，魚如果死了會浮在水面上的。」

我點點頭，有些傷感，我養的小金魚胖墩兒死的時候

就是翻着白肚皮浮到了水面上。

「我發現自己變成了現在的樣子——龍頭，魚身，長出來四隻龜爪。不是龍，也不再是鯉魚，更不是龜。水裏的其他魚告訴我，我吃的是龍珠，所以變成了怪獸。」鰲魚說。

「那個球居然是龍珠？你太幸運了！」

「大家都這麼說。」

「變成怪獸的感覺怎麼樣？」我問。

「還不錯，我可以在水裏生活，也可以在陸地上生活。四隻爪子走起路來很舒適，但我還是習慣在水裏游，更省勁兒。」鰲魚回答。

「就這樣？」

他想了想才說：「嗯……對了，龍頭有點兒沉。不過嘴大了很多，而且有了牙齒，吃起東西來挺方便的。」

「還有別的嗎？」我接着問。

「別的？」鰲魚很認真地想了一會兒說，「人們對我的態度不一樣了，連皇帝都把我當成吉祥物。我聽說，古代很多宮殿前的台階上都有我的浮雕，科舉考試發榜的時候，狀元就站在我的頭上迎榜，叫作『獨佔鰲頭』。」

我實在忍不住了，問：「魔法呢？你變成怪獸後總該有魔法了吧？」

「魔法？」鰲魚睜大了眼睛，好像不知道我在說甚麼，

「我個頭兒變大了，力氣也大了好多，我的鱗片像盔甲一樣，連鯊魚的牙齒都咬不破。」

「不是指這些。噴水，吐火或是吞火，海嘯，變成怪獸後你總會有些魔法吧？」

鼇魚慢慢地搖了搖頭，說：「好像沒有，我不會飛，也不會噴雲吐霧甚麼的，龍會的我都不會，畢竟我沒跳過龍門成為龍。」

不會魔法的怪獸？我瞪大眼睛看着他。

「啊！對了，如果非說有甚麼魔法，就是看到我的人都會交上好運。比如你看到了我，這幾天一定會有好事發生在你身上。」鼇魚得意地說，「這算不算是魔法？」

「這……不算吧。」我換了個話題，「你平時一般住在哪兒呢？」

「人們經常為我換住處，這段時間我剛好住在齋宮。」他回答。

齋宮正在舉辦清朝玉器展覽，我想起了廣告上的那張照片。

「難道你是『碧玉鼇魚形磬』上的鼇魚？」

他點點頭：「不過我還是最喜歡在這裏睡覺，所以經常溜出來。」

「睡在大銅缸裏？」這個習慣可有點兒奇怪。

「不知道為甚麼，睡在這裏讓我覺得很有歸屬感，好像我天生就屬於這裏一樣……」他舒服得瞇上了眼睛。

我的腦海裏突然有了個奇怪的想法，於是問道：「會不會是因為大銅缸很像魚缸？」

「魚缸？」鰲魚意外地看着我，「怎麼會？我早就不是魚了，我是怪獸！」

他故意做了一個讓人害怕的表情，但在我看來一點兒都不可怕。

天已經不早了，晚風裏透出了涼意。我要回媽媽的辦公室去了。

「我要回去了，咱們下次再見。」我和鰲魚告別。

「你走之前能不能告訴我，你身上的香味是從哪裏來的？」鰲魚問。

香味？我聞了聞自己身上的味道，哪有甚麼香味？明明是股腥臭味。我想起來了，昨天和爸爸去釣魚的時候，我把一包魚食塞到衣兜裏，到現在都沒拿出來。怎麼把它忘了呢？弄得自己身上一股怪味。

「是魚食，昨天我和爸爸去釣魚了。」我掏出魚食拿給鰲魚看。

「魚食……」鰲魚巨大的身體開始顫抖起來，連他身下的大銅缸都發出了「喀喀」的響聲。

「對不起，是不是讓你想起當鯉魚時甚麼不愉快的經歷了？」我一邊道歉一邊把魚食塞回衣兜。

「不過，你現在已經是大怪獸了！」看着瑟瑟發抖的鰲魚，我嘴裏不停地安慰他，「過去的事情再痛苦也過去了。作為怪獸，你現在擁有力量和盔甲，甚至還有帶給人幸運的魔法，這才是最重要的，對吧？」

「當然，當然。」已經被人類視為神獸的鰲魚，對我說的話非常贊同。但他的眼睛像被磁鐵吸住了一樣，一刻也沒離開我的衣兜：「也許這樣說有點兒失禮……但我想知道的是，你是否願意扔點魚食給我呢？我都快饞瘋了！」

故宮小百科

齋宮：齋宮位於紫禁城東六宮之南，毓慶宮西，為皇帝行祭天祀地典禮前的齋戒場所。原來明清時期的齋戒場所在宮外，清雍正九年（1731年），皇帝下令在紫禁城內建造齋宮。皇帝在齋宮留宿時，會在齋宮丹陛左側設立齋戒牌和銅人。皇帝與陪祀大臣齋戒期間，不許飲酒作樂，以及吃辛辣食物。

齋宮是一個前殿後寢的兩進長方形院落。前殿正中上懸乾隆御筆「敬天」匾。室內有渾金龍紋天花，八角形渾金蟠龍藻井。後寢初名孚顯殿，後改為誠肅殿，東西設遊廊與前殿相接。

鰲魚：鰲，意為海裏的大龜或大鱉。《淮南子‧覽冥訓》記載女媧補天時曾「斷鰲足以立四極」，東海中有巨鰲馱着三座仙山：蓬萊、方丈、瀛洲。另外有人說，鰲是龜頭鯉魚尾的魚龍。

唐宋時代科舉考試考中殿試的進士，會列隊立在有鰲魚浮雕的皇宮正殿台階下聽取發榜名次，狀元站在鰲魚浮雕的頭部，故有「獨佔鰲頭」這個成語。

除了故事中提到的碧玉鰲魚形磬外，故宮博物院收藏的清代青玉龍首鰲魚花插，也展示了鰲魚的形象。

10
麻煩鳥

　　楊永樂總是說，作為一個薩滿巫師的繼承人，要學會和世界萬物交朋友。他並不是說說而已，除了學校裏的同學和老師，他還真的和誰都能交上朋友。

　　記得有一次，他甚至和一隻癩蛤蟆交上了朋友。為了這段友誼，楊永樂好幾個月都在逮蚊子和飛蟲來喂飽癩蛤蟆的肚子。可惜他這位只會吃東西和「呱呱」叫的朋友一到冬天，就躲進地下的深洞，再也不理他了。

　　不過，這並沒有讓楊永樂失去信心。就在剛才，他讓野貓梨花傳話給我，讓我一定要去一趟位育齋旁邊的竹林，並聲稱要介紹一些新朋友給我。

麻煩鳥

「甚麼樣的新朋友？」我問梨花。

梨花一邊嚼着我給她準備的烤魚片，一邊搖頭說她也不知道。

要不要去看看呢？我猶豫了一下後，決定去赴約。今天我心情很好，因為上午公佈了語文考試成績，我的分數比預想的高不少。

我面帶微笑出了門。這是個晴朗的夏日，院子裏湘妃竹的葉子閃着潤澤的光。

我走進竹林，楊永樂已經等在那裏。

「小雨！快過來！」他使勁衝我揮着手。

我一邊走一邊四下張望，這裏除了楊永樂，我沒看到其他人的影子。

「你的朋友呢？」我問。

「他們馬上來。」楊永樂一臉興奮地說，「這次我可交了兩個有本事的朋友！」

「是怪獸嗎？」

他搖搖頭。

我想了想說：「那是神仙？」

他還是搖頭。

「等一會兒他們來了你就知道了。保證嚇你一大跳！」他說。

我正納悶兒，湘妃竹的葉子「沙沙」地響了。

楊永樂壓低聲音說：「他們來了！」

「在哪兒？」我打量着四周，茂密的竹林裏連隻野貓都沒有。

「在那兒！」楊永樂指着上面。

我立刻仰起頭到處張望，可是除了一大片竹葉和兩隻肥嘟嘟的麻雀，甚麼也沒有。

「難道……你的朋友是隱形的？」我問。

「不是啊。」楊永樂說，「你看，他們不是正好好地待在那裏嗎？」

說完，他就開始和樹上的麻雀打招呼：「嗨！梅花！易數！你們可算來了。」

兩隻麻雀高傲地點了點頭。

「他們……這兩隻麻雀就是你的新朋友？」

我挺失望的，楊永樂就不能交些更好玩的朋友嗎？故宮裏最常見的鳥就是麻雀，哪怕是最冷的冬天，也能看到一大羣吃得胖胖的麻雀上下翻飛，爭搶遊客落下的食物。從體形上看，你就知道他們的日子過得很富裕，不愁吃、不愁穿，還沒有天敵。

「這丫頭把我們當成普通麻雀了。」一個聲音突然在我耳邊響起。

是麻雀在說話？不對啊，他們的嘴明明一點兒都沒動。

「你能聽到我的聲音嗎？」那個聲音再次響起。

「當然可以。」我有點兒懷疑地看着兩隻麻雀。

「你聽到有說話聲，對吧？」楊永樂激動得一把拉住我的胳膊。

我意外地看着他，問：「你也聽到那個聲音了？」

楊永樂搖搖頭，說：「我聽不到，那是梅花和易數專門感應給你的。」

「感應？」

「怎麼解釋呢……就是類似於腦電波一類的東西。」楊永樂撓着頭。

「不，是情感共鳴。」那隻叫梅花的麻雀終於張嘴了。

「也就是說，你可以把你的想法直接傳到我的腦袋裏？」我問麻雀。

「是個聰明的小姑娘。」梅花讚揚道，「幾乎和楊永樂一樣聰明。」

「謝謝！」我不太情願地說，我可不覺得楊永樂有多聰明，「但你們為甚麼要這麼做？難道是想控制人類嗎？」

「控制？」叫易數的麻雀從樹梢上飛到我面前的一棵矮竹上，「不，其實我們會躲着人類，因為大多數人知道我們的能力後，都想把我們抓起來，然後好好利用。」

麻煩鳥

「利用甚麼呢？」我有點兒好奇。

「我們不光有情感共鳴的能力，還有預知危險的能力。」易數說。

「哇！」我吃驚地叫出了聲，「就是科幻電影裏說的那種超級感知能力？」

「是的。」

「我就說他們很棒吧！」楊永樂興奮得滿臉通紅。

我沒有理他，接着問麻雀們：「但是，你們為甚麼會擁有這樣的超能力？」

「我們從祖先那裏繼承了這些超能力。」梅花回答。

「難道你們是外星麻雀？」我猜。地球上的麻雀要是有這些超能力，估計早就被人類搶光了，恐怕天空中連一根麻雀毛都不會剩下。

「我們的祖先應該是南海的黃雀魚，《臨海異物志》裏曾經記載，祖先們會在六月幻化為麻雀，十月再回到大海變成魚。但後來因為數量越來越稀少，就沒甚麼書再提起我們了。但關於我們家族能力的記載是從宋朝開始的……」

沒等梅花說完，楊永樂就搶着對我說：「我書架上的《梅花易數》你不是看過嗎？那裏就有關於他們祖先故事的記載。」

我想起來了，怪不得我會覺得這兩隻麻雀的名字耳

熟，原來就是《梅花易數》的書名。《梅花易數》是一本寫中國古代占卜的書，楊永樂那裏有很多這樣奇奇怪怪的書，我有時會翻幾頁。雖然能看懂的不多，不過裏面關於麻雀的故事我倒是記得。裏面講了一個叫邵康節的占卜師在冬天觀賞梅花時，偶然看到兩隻麻雀為爭搶枝頭而墜落在地上，並由此得到啟示，預測會有戰爭發生，後來邊境真的發生了戰爭。

「你是說，那兩隻為爭搶枝頭而掉到地上的麻雀就是你們的祖先？」

梅花一邊點頭一邊說：「是的，你不要太克制，可以張開嘴巴，大聲叫喊。我們知道你有多吃驚。」

「我沒有你們想像的那麼吃驚。」我實話實說。

這確實沒甚麼奇怪的，因為在故宮裏每天都有可能遇到出人意料的事，我已經習慣了。

「我有點兒失望。」梅花說。

「我也是。」易數跟着說，「雖然我們經常幫助人類，不過知道真相的人可不多。她居然沒有大叫……」

「也沒有跳，沒有瞪眼，連嘴巴都沒張大。」

「讓你們失望了，真對不起。」我表示歉意，「不過你們剛才說到幫助人類，是怎麼幫助的呢？」

梅花和易數還沒來得及回答，楊永樂又搶先出聲了：

麻煩鳥

「太多了。你難道沒聽說過類似的故事？有個陌生的聲音警告一個人不要進電梯，結果後來電梯發生故障，掉了下去；或者有個聲音告訴某人不要上飛機，後來就真的發生了空難，等等。這些都是他們在暗暗提醒，讓人們免於災難。」

我點點頭。沒錯，這樣的故事我聽得多了。

易數歎了口氣，說：「只是我們的力量有限，能幫的人不多。」

我還是有點兒疑心。

「既然你們不想讓人類知道你們的超能力，為甚麼還會和楊永樂交朋友，並告訴我們一切呢？這不會增加你們的危險嗎？」我問。

「對我們來說，和人類成為朋友，必須等待合適的機會，這樣的機會非常少。比如上次出現在宋朝，我們的祖先與邵康節成了朋友。他為我們的祖先取了名字，後來，我們世世代代都用這兩個名字。當然，他那本占卜書也是我們的祖先幫助他完成的。」梅花回答，「現在，合適的機會又讓我們和楊永樂成為朋友。」

「你們說的機會指的是？」

「時間、地點、星象、八字……是一個非常複雜的組合運算。」

好吧，我不打算弄明白了，畢竟大多超自然現象都是找不到原因的。

　　「他們幫我躲過了很多危險！」楊永樂誇張地比畫着，「你要不要也嘗試一下？他們甚至能預測交通事故的時間和地點。」

　　對於他的建議，我有點兒動心。倒不是因為未來危險重重，而是因為，我很好奇這兩隻麻雀到底是不是真有那麼大本事。

　　「你們也願意幫我預測危險嗎？」我問。

　　兩隻麻雀對望了一眼說：「當然，只要你不把我們關進鳥籠裏，我們很願意保護你。」

　　我愉快地點點頭，問：「那能從現在開始嗎？」

　　「當然！」

　　事情就這樣定了下來。

　　我和楊永樂告別，輕鬆地走回媽媽的辦公室，梅花和易數飛在半空中遠遠地跟着我。他們說這樣的距離不會影響與我的「情感共鳴」。

　　剛開始一切都很順利，我專心地寫作業，甚至都忘了麻雀這回事。一個小時以後，我突然聽到易數的聲音：「文華殿西側屋簷上的騎鳳仙人雕像會在傍晚五點四十分左右被北風吹落，如果你正好從那裏經過，那麼被砸破腦袋的

麻煩鳥

人可能就是你。」

　　文華殿正好是我每天去食堂時經過的地方，為了少走點路，我往往會橫穿文華殿的院子，而五點四十分正是我要去食堂的時間。

　　於是，傍晚的時候，我刻意晚了十分鐘去食堂。剛走到文華門，就看到院子裏亂成一團。媽媽的同事李阿姨衝着我跑過來。

　　「小雨，你媽媽在辦公室嗎？」李阿姨一把拉住我。

　　「我媽在辦公室。出甚麼事了嗎？」

　　「他們部門的王老師剛剛被掉下來的騎鳳仙人雕像砸傷了。」李阿姨一邊說，一邊朝辦公區的方向跑去。

　　天啊！這是真的！哪怕事先有心理準備，等到危險真的發生時，我還是被嚇了一跳。我心懷感激地朝半空中望了望，梅花和易數此刻正停在旁邊的一棵古松樹上。

　　「謝謝你們救了我。」我心裏默默地想。

　　「小事一樁。」這次是梅花傳來的聲音。

　　之後的幾天，我都十分有安全感。一對擁有超能力的麻雀二十四小時保護着我，這給了我極大的信心。

　　每天，梅花和易數都會傳遞一兩次信息給我。但這些信息並不一定與我密切相關。比如，梅花曾告訴我，望京會發生一起交通事故。望京距離我家和故宮都有十幾千米

遠，我一年也不會去那裏一次。但是梅花說，他們並不確定我會不會去望京，所以只要是有可能對我造成危險的信息，他們都會傳遞給我。

接下來，我收到的無用信息越來越多。甚至有一次，連河北石家莊要發生一起搶劫案的事情，他們都告訴我了。

「石家莊？我根本沒去過那裏。」我向麻雀們抱怨，「能不能只報告我身邊的危險？」

「我們並不能確定你身邊的範圍是多大，也不知道哪條信息對你有用。」梅花回答，「宋朝的時候，我們的祖先連邊境會發生戰爭這樣的事情都會告訴邵康節，而且那好像

麻煩鳥

對他很有用。」

「他是占卜師，可能需要知道世界上所有的危險，但我用不着啊。」

「可是，既然我們答應保護你，就應該是全方位的保護，不管危險來自哪個地方，我們都會告訴你。」

我揉着太陽穴，感到有些苦惱。看來，我根本說服不了這兩隻鳥。好吧，只要能幫我避開危險，多聽點壞消息也沒關係。

麻雀們開始給我提供越來越多的信息。

從最初的每天一兩次，到一天五六次，一週後，他們每天給我傳遞危險信息的次數達到了一天十多次。火災、動車事故、食物中毒、煤氣泄漏……

我的心情越來越灰暗，即便這些事都不會發生在我身上，但是每天都聽到世界各地有那麼多壞事發生，我的心情真是糟透了。

而跟我有關的事情，也開始變得麻煩。我每天要在避開危險上花很多時間，比如，繞道上學，以躲避野狗；遠離御花園，因為那裏有個遊客帶的激光筆可能刺傷我的眼睛……過多的擔心弄得我心事重重。

我甚至開始思考，既然每天都有這麼多危險的事情發生，自己這十多年是怎麼活下來的。

「我怎麼覺得我身邊的危險越來越多呢？」我問梅花和易數。

「那是因為，每當你避開了一個危險時，你所處的環境就會發生改變，這可能會使你面臨其他新的危險。」麻雀們解釋道。

「這樣的話，我的麻煩不是會越來越多嗎？」我瞪大了眼睛。

「可以這麼說。」

「你們為甚麼不早告訴我？」我生氣極了，「行了！到此為止吧！我不再需要你們的預言了，請你們離開我，越遠越好。」

「天啊，幾百年來你是第二個轟我們走的人類！」梅花和易數一臉不敢相信的表情。

「誰是第一個？」我問。

「邵康節。」易數回答。

我有些意外地問：「他不是你們祖先的朋友嗎？」

「是的。」梅花說，「不過他六十歲以後就消失了。祖先們找了他好久，找到他時，他正躲在一處偏僻的茅草屋裏。他看到我們的祖先後，哭着說緣分已盡，請他們離開。」麻雀們一臉不解。

此時的我，卻十分理解邵康節：人類最可怕的毛病就

麻煩鳥

是貪心，所以我們會很輕易接受別人免費提供的東西，也不管自己是不是真的需要，然而接受之後麻煩就跟着來了。

「很感謝你們這段時間的幫助！」我朝麻雀們揮了揮手，不再聽他們說甚麼，轉身就走。

麻雀和我的「麻煩」一起被我留在了身後。

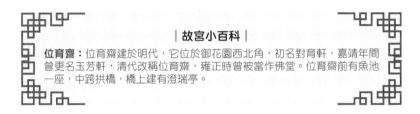

‖ 故宮小百科 ‖

位育齋： 位育齋建於明代，它位於御花園西北角，初名對育軒，嘉靖年間曾更名玉芳軒，清代改稱位育齋，雍正時曾被當作佛堂。位育齋前有魚池一座，中跨拱橋，橋上建有澄瑞亭。